大事なと

ポケット版

普通免許試験問題集

学科試験問題研究所〈著〉

永岡書店

最新学科試験の傾向と対策

学科試験の合格ラインは90点。試験内容は交通ルールの基本問題が中心ですが、間違いを誘発するひっかけ問題や難問も出題されます。一発合格を目指すためには、本番前に問題に慣れておき、些細なミスを防ぐことが大切です。

＜学科試験の傾向について＞

免許の学科試験は、国家公安委員会が作成した「交通の方法に関する教則」から、文章問題とイラスト問題を95問（イラスト問題は１問につき３問ずつあるので105問になる）出題されます。

文章問題では、ドライバーとして知っておくべき道路交通法、安全に運転するための知識が問われます。道路交通法には特有の表現があるので、問題文を最後までしっかり読んでから解くようにしましょう。また、試験問題は各都道府県によって異なるため、一部の問題ではその地域の交通事情を反映した問題が出題されることも覚えておくとよいでしょう。

イラスト問題では、危険を予測した運転に関する内容が出題されます。実際の運転現場のイラストを見て、その中にどのような危険がひそんでいるかを見出し、いかに運転すれば安全かを考え、解答します。

学科試験の制限時間は50分で、90点以上が合格ラインとなります。本番までにより多くの問題を解いて、重要問題や引っかけ問題などの傾向をつかみ、試験慣れしておくことが一発合格の一番の近道といえるでしょう。

一発合格のためのポイント

●まぎらわしい法令用語の意味の違いを理解する

「駐車《ちゅうしゃ》」「停車《ていしゃ》」「追抜《おいぬ》き」「追越《おいこ》し」など、似ていて定義の異なる法令用語には要注意。これらの言葉が出てきたら、意識してその違いを理解しておこう。

●「以上」「以下」「超える」「未満」の違いを押さえる

数字問題でよくひっかかるのが「以上」と「以下」、「超える」と「未満」のついたまぎらわしい言葉づかいの問題。「以上」「以下」はその数値を含み、「超える」「未満」は含まないと覚えておこう。

●あわてず、文章をじっくり読む

文章問題の中には、まぎらわしい文章表現が出てくる。たとえば、「～かもしれないので」「～のおそれがあるので」などは、その意図を誤って解釈すると反対の答えになることがある。文章は最後までしっかり読もう。

●「駐停車禁止場所」「最高速度」「積載《せきさい》制限」など、数字は正しく覚える

試験には数字に関する問題が出題されることが多い。よく出てくる「1」「5」「10」「30」などの数字にまつわる交通規則は、確実に押さえておこう。

●問題文に「必ず」「すべての」などの強調があるときは要注意

文中で限定した言い回しに出合ったら、ほかにあてはまるケースがないか、例外はないかを必ず確認しよう。

●色・形・意味が似ている標識や標示は、違いを考えてセットで覚える

標識や標示には、色や形、意味が似ているものがある。あいまいに覚えておくと間違いやすいので、似たものどうしをセットにして、その違いを覚えてしまおう。

●イラスト問題では、あらゆる危険を予測する

「きっとこうなるだろう」という思い込みは要注意。他者（車）、周囲の動きに気を配り、見えないところにも細心の注意をはらおう。

CONTENTS

PART 3 ミスを防ぐひっかけ問題

PART 4 危険予測イラスト問題

PART 1
交通ルールをおさらいチェック

① 車の種類
② 乗車と積載
③ 信号と手信号
④ 安全な速度
⑤ 徐行について
⑥ 追越し・追抜き
⑦ 駐車と停車
⑧ 交差点などの通行
⑨ 踏切の通行
⑩ 迷いやすい数字
⑪ まぎらわしい言葉づかい
⑫ まぎらわしい標識
⑬ まぎらわしい標示

1-1 車の種類

「車など」「車（車両）」「自動車」の区分を覚えよう

車など

「車（車両）など」には自動車、原動機付自転車、軽車両に路面電車が含まれる。

路面電車

車（車両）

自動車

大型自動車

大型自動車は定員30人以上、車両総重量11,000kg以上、最大積載量《せきさいりょう》6,500kg以上。

中型自動車

中型自動車は定員11人以上29人以下、車両総重量《そうじゅうりょう》7,500kg以上11,000kg未満、最大積載量《せきさいりょう》4,500kg以上6,500kg未満。

準中型自動車

準中型自動車は定員10人以下、車両総重量《そうじゅうりょう》3,500kg以上7,500kg未満、最大積載量《せきさいりょう》2,000kg以上4,500kg未満。

普通自動車

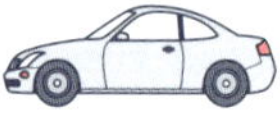

普通自動車は三輪か四輪で定員10人以下、車両総重量《そうじゅうりょう》3,500kg未満、最大積載量2,000kg未満。

大型自動二輪車

大型自動二輪車は総《そう》排気量《はいきりょう》400ccを超える二輪車（側車付のものを含む）。

普通自動二輪車

普通自動二輪車は総《そう》排気量《はいきりょう》50ccを超え400cc以下の二輪車。

大型特殊自動車

大型特殊自動車は、カタピラ式や装輪式など特殊構造をもち、建設現場などの特殊な作業に使用する自動車のうち小型特殊自動車以外の最高速度が35km/h以上のもの。

小型特殊自動車

小型特殊自動車は、長さ4.7m以下、幅1.7m以下、高さ2.0m以下（ヘッドガード等含め高さは2.8m以下）、最高速度15km/h以下（ただし、農耕作業車は35km/h未満）の特殊構造をもつもの。

車だが自動車ではない

原動機付自転車※

原動機付自転車は総排気量《はいきりょう》50cc以下か定格出力600ワット以下の原動機を持つミニカー以外の二輪か三輪の車。

軽車両

・自転車 ・リヤカー
・牛馬車 ・そり
など。

※特定小型原動機付自転車は電動キックボード等のことで、運転免許不要等のルールがある。

1-2 乗車と積載《せきさい》

四輪車や二輪車の積載方法を覚えよう

積載の制限

◆普通・準中型・中型・大型自動車

自動車の幅×1.2m以下

自動車の長さ×1.2m以下

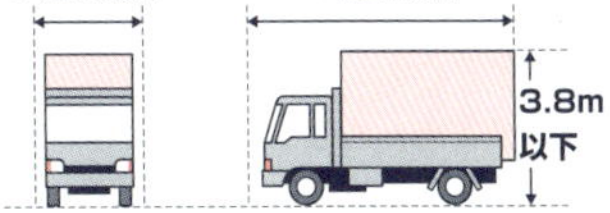

ただし自動車は車体の前後・左右0.1倍まで

◆自動二輪車・原動機付自転車

積載装置の長さ+0.3m以下

積載装置の幅+左右0.15m以下

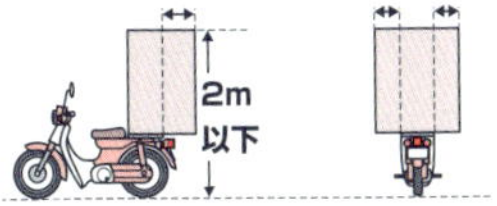

＊三輪車と総排気量660cc以下の普通自動車の高さ制限は地上2.5m以下

乗車定員

◆普通・準中型・中型・大型自動車

車検証に記載されている乗車定員
（ミニカーは1人）

＊12歳未満のこどもは、3人で大人2人として考える

◆自動二輪車・原動機付自転車

運転者以外の座席のあるものは2人
（ただし、原動機付自転車は1人）

最大積載量

◆普通・準中型・中型・大型自動車→**車検証に記載**

◆小型特殊自動車→**700kg**

◆自動二輪車→ **60kg**

◆原動機付自転車→ **30kg**

ロープでけん引するときは

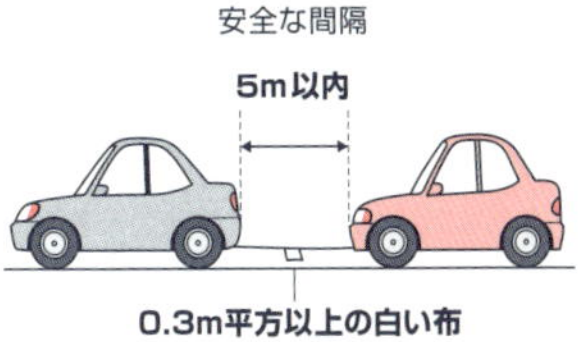

けん引する台数の制限は

大型車、中型車、準中型車、普通車、
大型特殊車→2台
大型・普通二輪、原付→1台

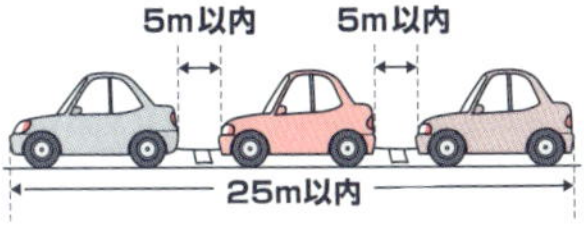

1-3 信号と手信号

信号の意味や手信号・灯火信号の意味を覚えよう

■青色の灯火… 車など（軽車両を除く）は、直進、左折、右折（二段階右折の原動機付自転車は右折のための直進のみ）することができる。

■黄色の灯火… 車などは停止位置から先に進んではならない。しかし、すでに停止位置に近づいていて安全に停止できないときは、そのまま進むことができる。

■赤色の灯火… 車などは停止位置を越えて進んではならない。しかし、すでに交差点で右左折している車は、そのまま進むことができる（二段階右折の原付と軽車両は除く）。

■青色の灯火の矢印

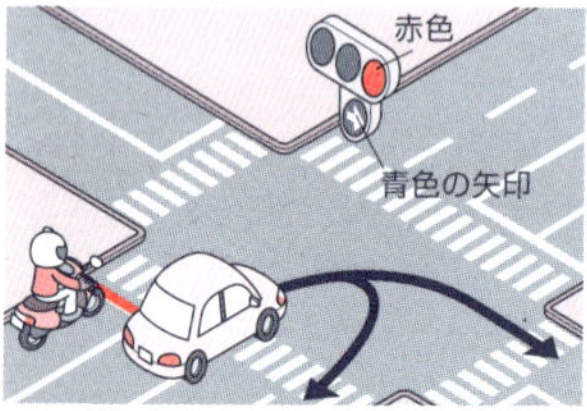

車は矢印の方向へ進める。右折の矢印の場合、右折に加えて、転回することができる。ただし、二段階右折の原付や軽車両は進むことができない。

※道路標識等で転回が禁止されている交差点や区間では、転回できない。

■黄色の灯火の矢印

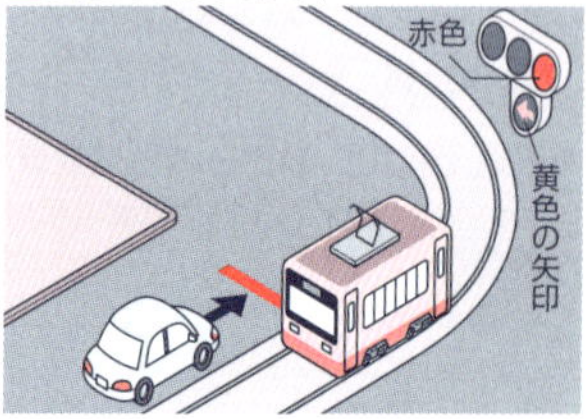

路面電車の信号で、路面電車は矢印の方向へ進めるが、車は進行できない。

■黄色の灯火の点滅

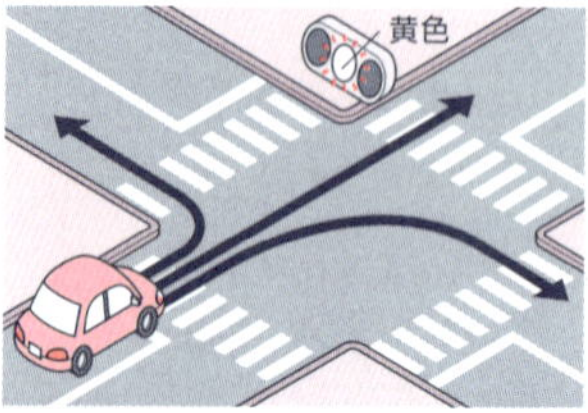

車などは他の交通に注意しながら進むことができる。一時停止や徐行の義務はない。

■赤色の灯火の点滅

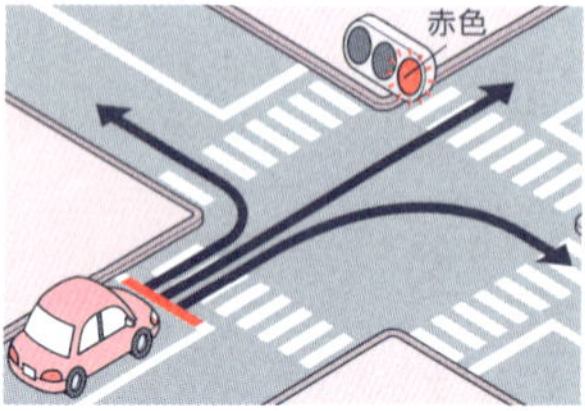

車などは停止位置で一時停止し、安全を確認してから進むことができる。

警察官、交通巡視員による信号

■腕を水平に上げているとき

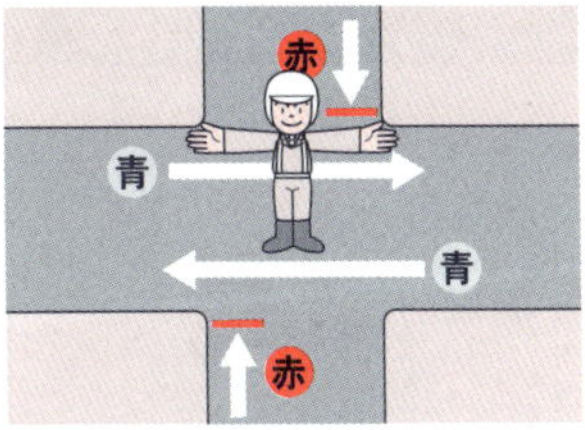

身体に平行する交通は青信号と同じ。
身体に対面する交通は赤信号と同じ。
(腕を下ろしているときも同じ)

■腕を垂直《すいちょく》に上げているとき

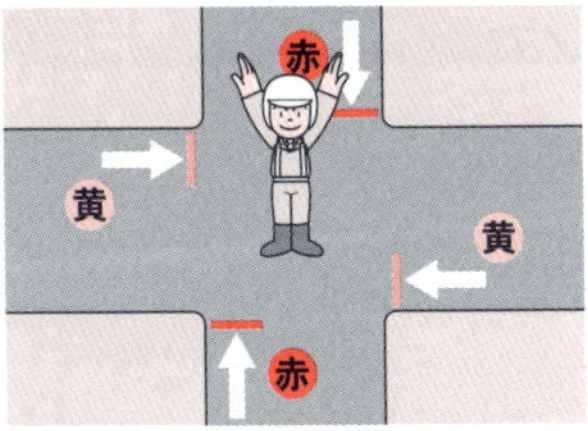

身体に平行する交通は黄信号と同じ。
身体に対面する交通は赤信号と同じ。

■灯火を横に振っているとき

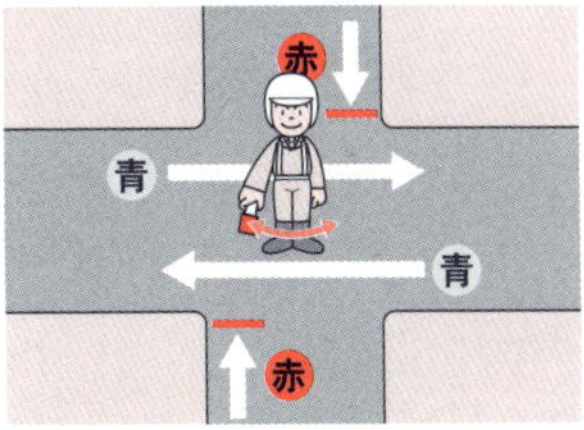

身体に平行する交通は青信号と同じ。
身体に対面する交通は赤信号と同じ。

■灯火を頭上に上げているとき

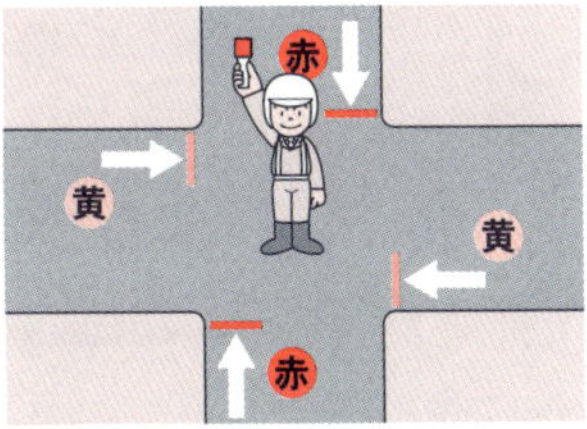

身体に平行する交通は黄信号と同じ。
身体に対面する交通は赤信号と同じ。

信号機の信号と手信号が違う場合は、手信号に従う

信号機と警察官や交通巡視員の手信号や灯火による信号とが違う場合は、警察官などの手信号や灯火による信号に従って通行する。

1-4 安全な速度

一般道路の最高速度を覚えよう

法定速度

【一般道路の最高速度】

自動車		原動機付自転車	
①大型自動車 ②中型自動車 ③準中型自動車 ④普通自動車 ⑤大型特殊自動車 ⑥けん引自動車 ⑦自動二輪車  	60 km/h		30 km/h

＊標識や標示で最高速度が規制されているときはその速度以内で走行する。

〈停止距離とは〉

空走距離 ＋ 制動距離 ＝ 停止距離

危険を感じてからブレーキをかけ、ききはじめるまでに走る距離

ブレーキがききはじめてから完全に停止するまでに走る距離

危険を感じてからブレーキをかけ、完全に停止するまでに走る距離

1-5 徐行《じょこう》について

徐行しなければならない場所・徐行しなければならないときを覚えよう

徐行しなければならない場所

■徐行の標識があるところ

■左右の見通しがきかない交差点
(交通整理が行われている場合や優先道路を除く)

■道路の曲がり角付近

■上り坂の頂上付近やこう配の急な下り坂

徐行しなければならないとき

■許可を受けて歩行者用道路を通行するとき
■歩行者のそばを通るのに安全な間隔（1～1.5メートル）がとれないとき
■道路外に出るために右左折するとき
■安全地帯のある停留所に路面電車が停止しているとき
■乗降客のいない停止中の路面電車との間隔が1.5メートル以上のとき
■交差点を右左折するとき
■優先道路や幅の広い道路に入るとき
■ぬかるみや水たまりの場所を通るとき
■身体の不自由な人、通行に支障のある高齢者、こどもが通行しているとき
■歩行者のいる安全地帯の側方を通過するとき
■乗降のため停車中の通学通園バスのそばを通るとき

1-6 追越《おいこ》し・追抜《おいぬ》き

追越しと追抜きの違い・二重追越しとなる場合を覚えよう

追越しと追抜きの違い

■追越し… 進路を変えて進行中の車の前方に出ること。

■追抜き… 進路を変えないで進行中の車の前方に出ること。

追越しが禁止されている場合

①前の車がその前の自動車を追い越そうとしているとき（二重追越し）

②前の車が右折などのため右側に進路を変えようとしているとき

③道路の右側部分にはみ出して追い越すと対向車の進行の妨げになるとき

④後ろの車が自分の車を追い越そうとしているとき

追越し・追抜きが禁止されている場所

①追越し禁止の標識がある場所

②道路の曲がり角付近

③上り坂の頂上付近やこう配の急な下り坂

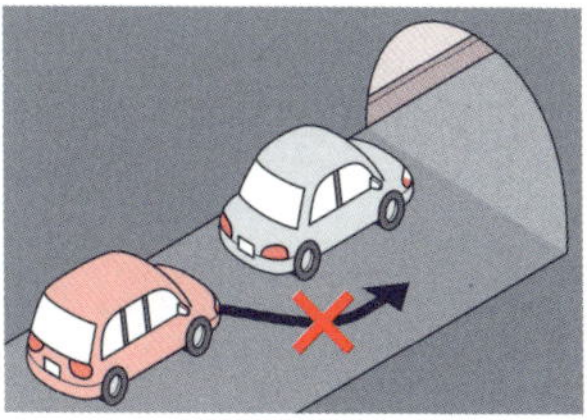

④車両通行帯のないトンネル

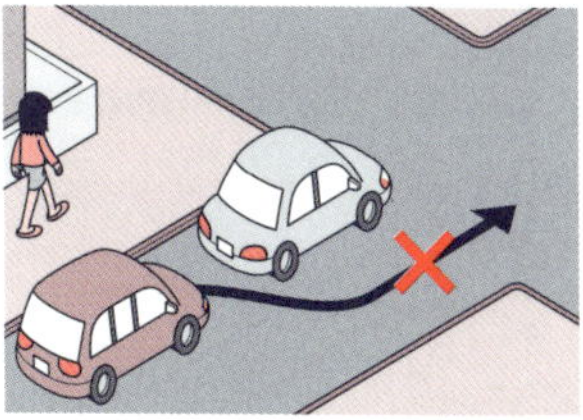

⑤交差点とその手前から30m以内の場所（優先道路を通行中は追い抜きできる）

⑥踏切と横断歩道、自転車横断帯とその手前から30m以内の場所

1-7 駐車《ちゅうしゃ》と停車《ていしゃ》

駐停車禁止と駐車禁止の場所と数字を覚えよう

駐車とは

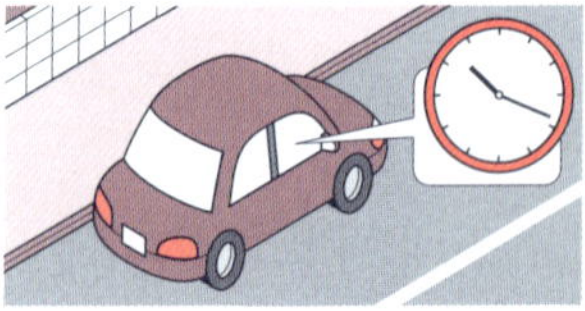

車が継続的に停止すること。運転者が車から離れていてすぐに運転できない状態。

停車とは

駐車にあたらない短時間の車の停止。人の乗り降りや5分以内の荷物の積卸《つみおろ》しなど。

駐停車禁止の場所

①標識や標示のある場所
②軌道敷内
③坂の頂上付近やこう配の急な坂
④トンネル内

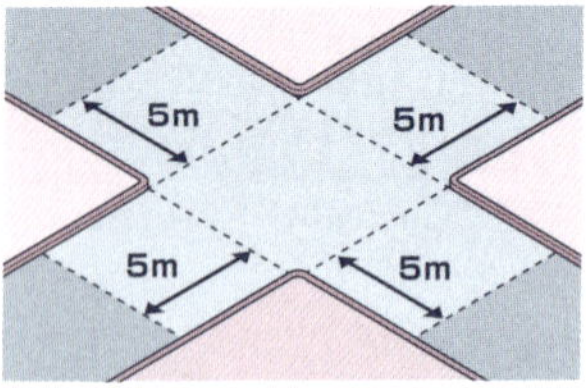

⑤交差点とその端から5m以内の場所

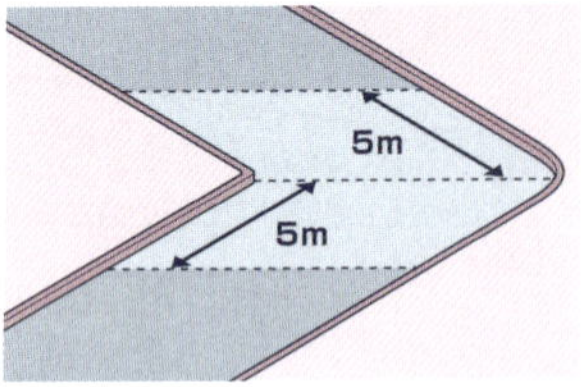

⑥道路の曲がり角から5m以内の場所

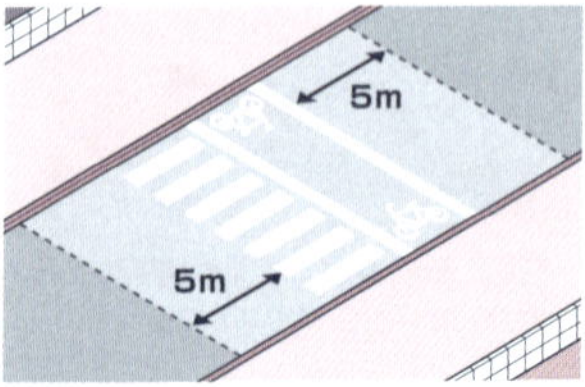

⑦横断歩道、自転車横断帯とその端から前後に5m以内の場所

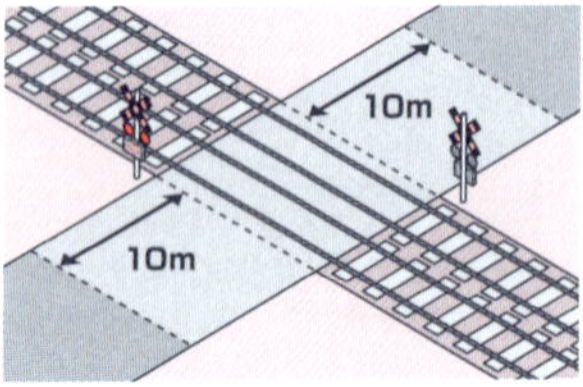

⑧踏切とその端から前後10m以内の場所

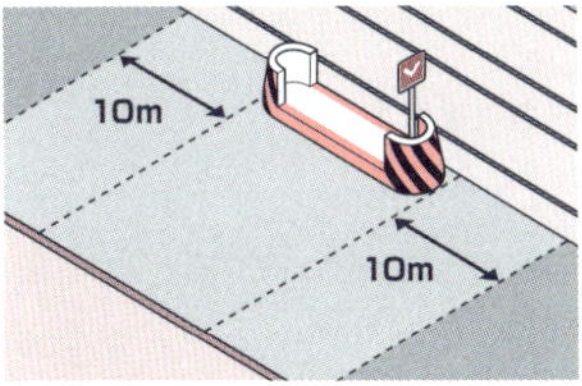

⑨安全地帯の左側とその前後10m以内の場所

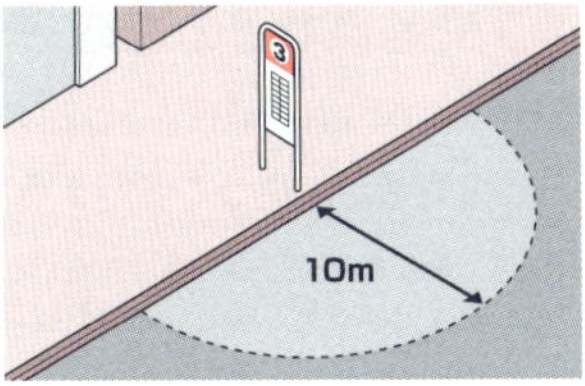

⑩バス、路面電車の停留所の標示板（柱）から10m以内の場所（運行時間中に限る）

駐車禁止の場所

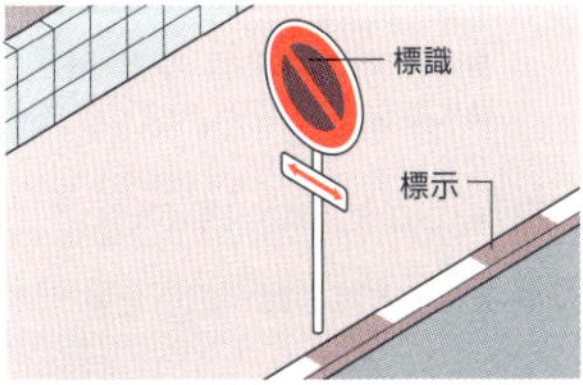

①標識や標示のある場所

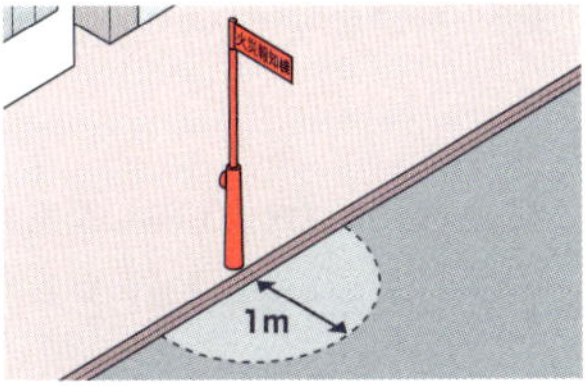

②火災報知機から1m以内の場所

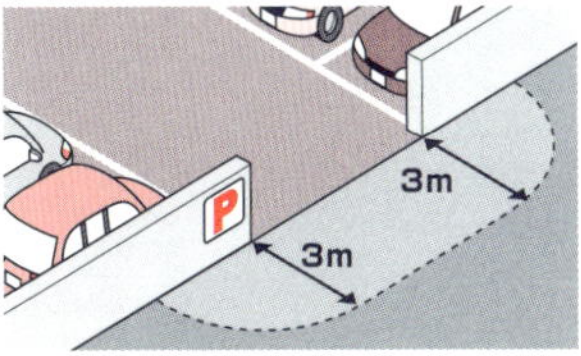

③駐車場、車庫などの自動車専用の出入口から3m以内の場所

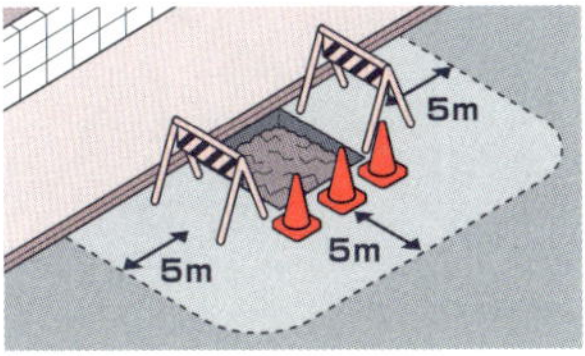

④道路工事の区域の端から5m以内の場所

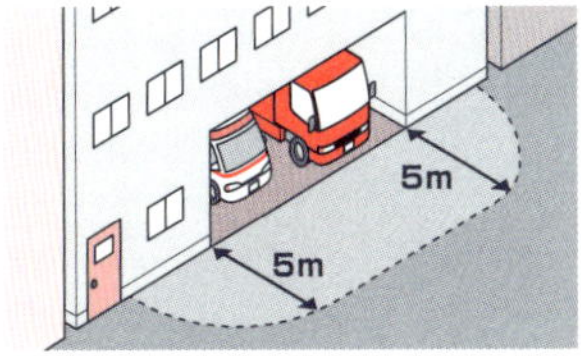

⑤消防用機械器具の置場、消防用防火水そう、これらの道路に接する出入口から5m以内の場所

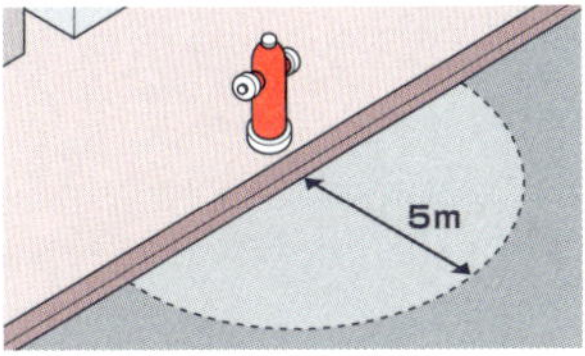

⑥消火栓、指定消防水利の標識が設けられている位置や消防用防火水そうの取り入れ口から5m以内の場所

1-8 交差点などの通行

信号のない交差点を通行するときの優先順位を覚えよう

標識や標示に従って通行する

車両通行帯がある交差点で進行方向ごとに通行区分が指定されているときは、指定された区分に従って通行しなければならない。

原動機付自転車の二段階右折の方法（環状交差点を除く）

■二段階右折しなければならない場合

- 「右折方法（二段階）」の標識のある交差点
- 車両通行帯が３車線以上ある交差点

■二段階右折しない場合

- 「右折方法（小回り）」の標識のある交差点
- 交通整理のされていない交差点
- 車両通行帯が２車線以下の交差点

交通整理が行われていない交差点の通行のしかた（環状交差点を除く）

■交差する道路が優先道路のとき

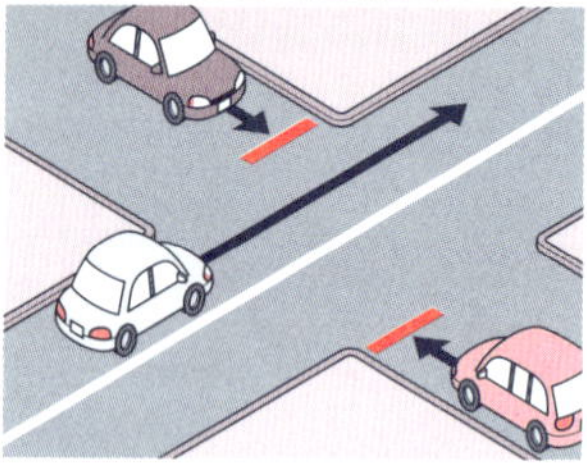

優先道路を走行する車が優先する。

■交差する道路の幅が広いとき

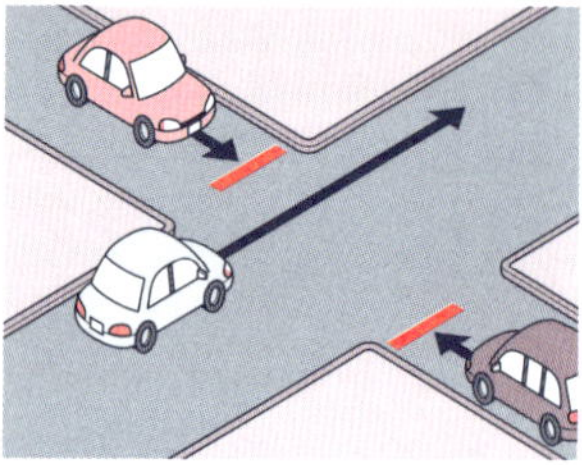

幅の広い道路を走行する車が優先する。

■交差する道路の幅が同じようなとき

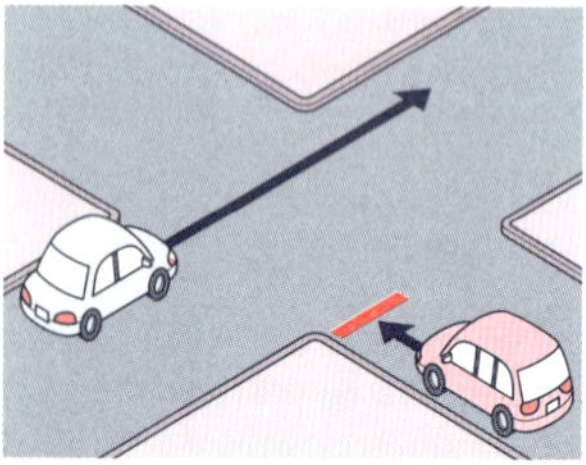

左方向から来る車が優先する。

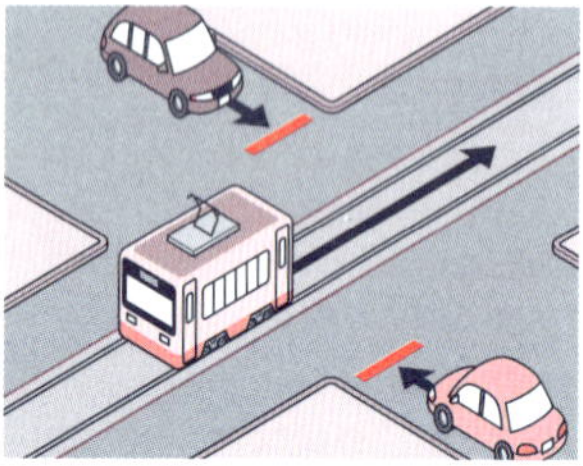

路面電車が優先する。

環状交《かんじょうこう》差《さ》点《てん》の通行のしかた

環状交差点とは、車両の通行部分が環状（ドーナツ状）の形になっていて、道路標識などにより車両が右回りに通行することが指定されている交差点をいいます。

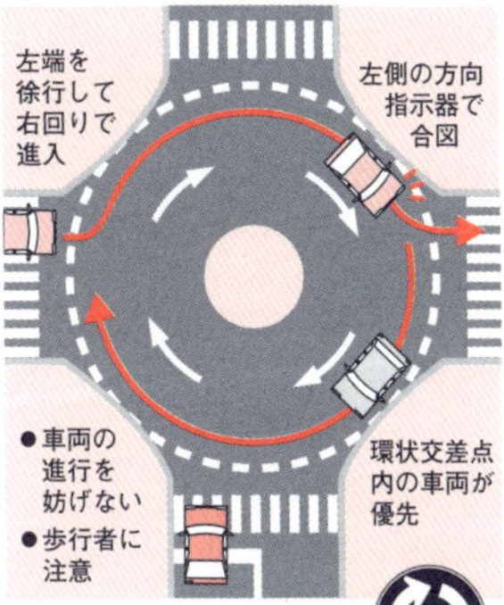

環状交差点に設置される道路標識

■横断歩行者に注意する

環状交差点に入るとき、出るときは、道路を横断する歩行者に注意する。また、横断歩行者の進行を妨げてはならない。

■環状交差点内は、右回りに左端を徐行する

環状交差点内は、右回り（時計回り）に通行し、できるだけ交差点の左側端に沿って徐行する。

■必ず左折で進入し、出るときも必ず左折する

環状交差点に入るときは、あらかじめ道路の左端に寄り、徐行して進入する（方向指示器で合図する必要はない）。環状交差点から出るときは、出ようとする地点の直前の出口を通過した直後に左側の方向指示器を操作し、交差点を出るまで合図を継続する。

■環状交差点内の車両が優先

環状交差点内を通行している車両が優先のため、その通行を妨げてはいけない。したがって、交差点内を通行中の車両に注意し、出来る限り安全な速度と方法で進行する。

1-9 踏切の通行

①踏切の手前で必ず一時停止し、自分の目と耳で左右の安全を確認する。

②エンスト防止のため、発進したときの低速ギアのまま一気に通過する。

③落輪防止のため、歩行者や対向車に注意し、やや中央寄りを通過する。

※信号機のある踏切で場合は、安全確認をすれば信号機に従って通過できる。
※踏切の向こう側が渋滞しているときは、踏切に進入しない。
※警報機が鳴っているとき、しゃ断機が下り始めたときは、踏切に入ってはいけない。

1-10 迷いやすい数字

駐停車禁止《ちゅうていしゃきんし》・駐車禁止《ちゅうしゃきんし》・積載制限などの数字は覚えよう

駐車禁止場所

■火災報知機から**1メートル以内**の場所は**駐車禁止《ちゅうしゃきんし》**
■駐車場、車庫などの自動車専用の出入口から**3メートル以内**の場所は**駐車禁止**
■道路工事の区域の端から**5メートル以内**の場所は**駐車禁止**
■消防用機械器具の置場、消防用防火水そう、これらの道路に接する出入口から**5メートル以内**の場所は**駐車禁止**
■消火栓、指定消防水利の標識がある位置や、消防用防火水そうの取り入れ口から**5メートル以内**の場所は**駐車禁止**

駐停車禁止の場所と時間

■交差点とその端から**5メートル以内**の場所は**駐停車禁止《ちゅうていしゃきんし》**
■道路の曲がり角から**5メートル以内**の場所は**駐停車禁止**
■横断歩道や自転車横断帯とその端から**前後に5メートル以内**の場所は**駐停車禁止**
■**5分を超える**荷物の積卸《つみおろ》しは**駐車**、**5分以内**なら**停車**
■踏切とその端から**前後10メートル以内**の場所は**駐停車禁止**
■安全地帯の左側と**その前後10メートル以内**の場所は**駐停車禁止**
■バス、路面電車の停留所の標示板（柱）から**10メートル以内**の場所は**駐停車禁止**（運行時間中のみ）

路側帯での駐停車

■一本線の路側帯《ろそくたい》のある道路では、路側帯《ろそくたい》の幅が**0.75メートル以下**なら車道の左端に沿う
■一本線の路側帯のある道路では、路側帯の幅が**0.75メートルを超える**場合は、路側帯の中に入って車の左側に**0.75メートル以上**の余地《よち》をあける

一般道路での法定速度

■普通自動車の**最高速度**は**60キロメートル毎時**
■原動機付自転車の**最高速度**は**30キロメートル毎時**
■リヤカーのけん引時は**25キロメートル毎時**

試験には、さまざまな数字に関する問題が出題される。ひとつひとつを覚えるのは大変なので、テーマごとに関連づけて整理しよう。なかでも、「1」「3（30）」「5」「10」など、よく出てくる数字は確実に押さえておこう。

徐行

■ブレーキを操作してから停止するまでの距離が**約1メートル以内**なら**「徐行《じょこう》」**（一般に10キロメートル毎時以下）

合図を出すとき・場所

■**進路変更**の合図は進路を変えようとするときの**約3秒前**に行う

■**右左折や転回**の合図は右左折や転回をしようとする地点から**30メートル手前**で行う（ただし、環状交差点では出ようとする地点の直前の出口を通過したときに行う）

積載制限

■普通自動車の積載《せきさい》制限は、**地上からの高さ3.8メートル以下、自動車の長さ×1.2メートル以下、自動車の幅×1.2メートル以下**（ただし、三輪と軽自動車の高さは2.5メートル以下）

■原動機付自転車の**最大積載量**は**30キログラム**（リヤカーのけん引時にはリヤカーに120キログラムまで積める）

■原動機付自転車の積載制限は、**地上からの高さ2メートル以下、積載装置の長さ＋0.3メートル以下、積載装置の幅＋左右それぞれ0.15メートル以下**

衝撃力・遠心力・制動距離

■衝撃力《しょうげきりょく》と遠心力・制動《せいどう》距離はおおむね速度の**2乗**に**比例**

歩行者などの保護

■歩行者や自転車のそばを通るときは**安全な間隔（1～1.5メートル）**をあける

追越し・追抜き禁止の場所

■交差点とその手前から**30メートル以内**の場所は**追越《おいこ》し・追抜《おいぬ》き禁止**（優先道路を通行している場合を除く）

■踏切とその手前から**30メートル以内**の場所は**追越し・追抜き禁止**

■横断歩道や自転車横断帯とその手前から**30メートル以内**の場所は**追越し・追抜き禁止**

1-11 まぎらわしい言葉づかい

「以下」「以上」「未満」「超える」などの言葉には注意

問題文中にこれらの言葉が出たら注意!!

問題文の中には、まどわす言葉が含まれていることが多いので、まとめてチェックしておこう

言葉づかい①	傾向と対策
「かもしれないので」 「おそれがあるので」 「スピードを落とした」 「一時停止して」 「徐行して」	これらの表現は安全運転に思われるが、どのような意図で使われているか、必ずチェックする。 危険予測イラスト問題や、減速・徐行・停止にかかわる問題でよく使われる。

例題　問１：安全地帯のそばを通行するときは、歩行者がいてもいなくても**徐行しなければならない**。

言葉づかい②	傾向と対策
「必ず」 「絶対」 「すべて」	限定した言い回しは、ほかに当てはまるケースはないか、例外はないかを確認することが必要。

例題　問２：こう配の急な坂道では、上りも下りも**必ず**徐行しなければならない。

問３：警笛《けいてき》区《く》間《かん》内の交差点では、見通しのよし悪しにかかわらず**絶対**に警音器を鳴らさなければならない。

問４：高速自動車国道の本線車道における普通自動車の最高速度は、**すべて** 100 キロメートル毎時である。

言葉づかい③	傾向と対策
「大丈夫だと思うので」 「そのままの速度で」	勝手に安全だと思い込んで判断するのは、間違いの答えであることが多い。

例題　問５：駐車場《ちゅうしゃじょう》に入るために歩道を横切るとき、人がいなくて**大丈夫だと思ったのでそのままの速度で**通過した。

言葉づかい④	傾向と対策
「急に」 「一気に」 「すばやく」 「急いで」 「加速して」 「急ブレーキをかけて」	いずれも、危険を避けるためやむを得ない場合以外は、好ましくない行動に関係した表現として使われることが多い。 ● **「急に」「急いで」** →危険やあせりを感じさせる。 ● **「一気に」** →勢いをつけるものは好ましくないことが多い（踏切を除く）。 ● **「速やか」**は好ましい場合に使われることが多い。

言葉づかい⑤	傾向と対策
「以下」 「未満」 「以上」 「超える」	問題の数値が含まれるか含まれないかを問う場合によく使われる。 ● **「以下」「以上」** →その数値を含む。 ● **「未満」「超える」** →その数値を含まない。

例題の答え

問１：× 明らかに歩行者がいないときは、徐行する必要はない。
問２：× 徐行しなければならないのは、こう配の急な下り坂だけ。
問３：× 警笛区間内の交差点では、見通しの悪いときだけ警音器を鳴らす。
問４：× 普通自動車のうち、三輪のものは80キロメートル毎時。
問５：× 大丈夫だと思い込むのは間違い。歩道を横切るときは必ず一時停止が必要。

1-12 まぎらわしい標識

似たような標識・補助標識により異なる標識に注意

必ず出題される標識問題。まぎらわしいものを覚えておこう

通行止め

歩行者、車、路面電車、すべての通行禁止

↕

車両通行止め

車（自動車、原動機付自転車、軽車両）は通行できない

駐停車禁止

車は駐停車をしてはいけない。数字は駐停車禁止の時間

↕

駐車禁止

車は駐車をしてはいけない。数字は駐車禁止の時間

追越し禁止

車は追越しをしてはいけない

↕

追越しのための右側部分はみ出し通行禁止

車は追越しのために右側部分にはみ出して通行してはいけない

横断歩道

横断歩道であることを示す

↕

学校、幼稚園、保育所などあり

付近に学校、幼稚園、保育所などがあることを示す

大型乗用自動車等通行止め

乗車定員11人以上の乗用自動車は通行できない

↕

大型貨物自動車等通行止め

大型貨物、大型特殊、特定中型貨物自動車は通行できない

高さ制限

車の地上高を制限する規制標識

↕

最大幅

車の最大幅を制限する規制標識

専用通行帯

指定された車、原動機付自転車、小型特殊自動車、軽車両以外の車は通行できない（左折や工事などでやむを得ない場合は除く）

↕

路線バス等優先通行帯

路線バスなどが優先だが、自動車、原動機付自転車、軽車両も通行してよい

一方通行

一方通行の始まりを示す

↕

左折可

この標示板があるところは信号に関わらず左折が可能

指定方向外進行禁止

矢印の方向以外への車の進行禁止

↕

進行方向別通行区分

それぞれの通行区分の進行方向を示す

歩行者専用

(1)歩行者専用道路（歩行者だけの通行のために設けられた道路）の指定
(2)歩行者用道路の指定

↕

横断歩道

横断歩道であることを示す

自動車専用

高速自動車国道と自動車専用道路の指定

↕

二輪の自動車以外の自動車通行止め

二輪の自動車（大型自動二輪車、普通自動二輪車）は通行できるが、その他の自動車は通行できない

駐車可

車は駐車することができる

↕

駐車場

駐車場を表す案内標識

車両横断禁止

車の横断の禁止（道路外の施設または場所に出入りするための左折をともなう横断を除く）

一般原動機付自転車の右折方法（二段階）

原付で右折するとき交差点の側端に沿って通行し、二段階右折をする

安全地帯

安全地帯であることを示す

転回禁止

車は転回できない

一般原動機付自転車の右折方法（小回り）

右折するとき、あらかじめ道路の中央に寄り右折する

中央線

道路の中央や中央線であることを示す

試験によく出る重要標識

最低速度

自動車は表示された速度未満の速度で通行してはいけない

停止線

車が停止する場合の位置を示す

幅員減少

この先の道路の幅が狭くなることを表す

優先道路

優先道路を表す。この標識のある道路を通行する車が優先される

1-13 まぎらわしい標示

標示の色による違い・実線か破線による違いに注意

標示は、黄色か白色、実線か破線かで意味が異なるのでしっかりチェックしよう

駐停車禁止

車は駐停車をしてはいけない

↕

駐車禁止

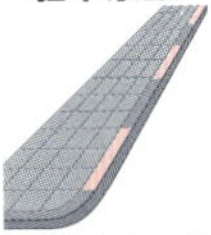

車は駐車をしてはいけない

立入り禁止部分

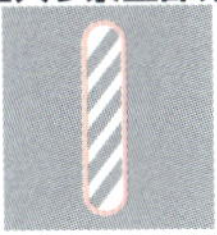

車の立ち入りを禁止している部分

↕

停止禁止部分

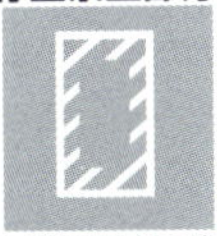

車と路面電車の停止が禁止されている部分

転回禁止

車は転回してはいけない

↕

終わり

表示されていた交通規制が終わりになることを示す

横断歩道または自転車横断帯あり

前方に横断歩道や自転車横断帯があることを示す

↕

前方優先道路

前方の道路が優先道路であることを示す（標示のある道路は優先道路ではない）

進路変更禁止

A、Bそれぞれの車両通行帯を通行する車が、進路変更することを禁止

↕

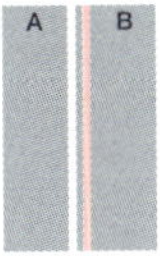

Bの車両通行帯を通行する車が、Aの車両通行帯を通行することを禁止

専用通行帯

指定された車、原動機付自転車、小型特殊自動車、軽車両以外の車は通行できない（左折や道路工事などでやむを得ない場合は除く）

↕

路線バス等優先通行帯

路線バスなどが優先であるが、自動車、原動機付自転車、軽車両も通行してよい

路側帯

歩行者と軽車両は通行できる路側帯（幅が0.75メートルを超える場合は中に入って駐停車できる）

駐停車禁止路側帯

歩行者と軽車両は通行できる路側帯（路側帯内は駐停車禁止）

歩行者用路側帯

歩行者だけが通行できる路側帯（路側帯内は駐停車禁止）

追越しのためのはみ出し禁止

AおよびBの部分の右側部分はみ出し追越し禁止

AおよびBの部分の右側部分はみ出し追越し禁止

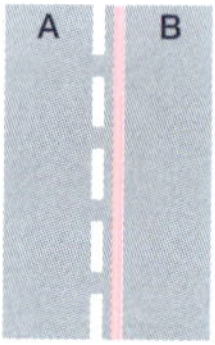

Bの部分からAの部分へのはみ出し追越し禁止

試験によく出る重要標示

安全地帯

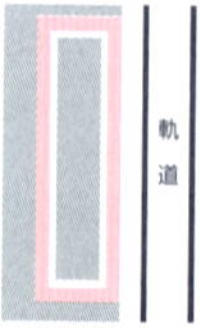

黄色で囲われた範囲が安全地帯であることを示す

右側通行

道路の右側部分にはみ出して通行できることを示す

最高速度

車および路面電車の最高速度を示す

車両通行区分

道路にかかれた文字は、通行区分を指定された車両通行帯と車の種類を示す

PART 2
試験によく出る重要問題

① 信号・標識・標示の意味
② 運転する前の心得
③ 運転の方法
④ 歩行者の保護
⑤ 安全な速度
⑥ 追越しなど
⑦ 交差点の通り方
⑧ 駐車と停車
⑨ 危険な場所などの運転
⑩ 高速道路での走行
⑪ 二輪車の運転方法
⑫ 事故・故障・災害などのとき

赤シートで「解答と解説」をかくせば、答え合わせが簡単！効果的に知識が身につきます。

2-1 信号・標識・標示の意味

●次の問題で正しいものは「○」、誤っているものには「×」と答えなさい。

問1 □

信号機は時差式信号など、特定方向の信号が赤に変わる時間がずらしてあるものもあるので、運転者は正面の信号を見なければならない。

問2 □

交差点の中で前方の信号が青色から黄色に変わったときは、ただちに停止しなければならない。

問3 □

正面の信号が黄色の灯火《とうか》の場合は、車は、他の交通に注意しながら徐行《じょこう》して進行することができる。

問4 □

交差点で前方の信号が赤色や黄色の灯火であっても、同時に青色の矢印があれば、自動車は矢印の方向に進むことができる。

問5 □

交差点で正面の信号が赤色の点滅《てんめつ》を表示しているときは、他の交通に注意し、徐行して交差点に入ることができる。

問6 □

図1の信号機の青矢印は、信号が赤であっても矢印に従って右折できることを表しているが、左側部分に車両通行帯が3車線以上ある交差点では原動機付自転車は直接右折することはできない。

図1

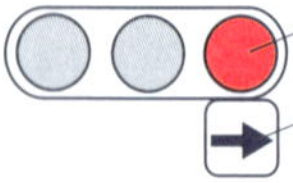

解答と解説

問1 ○

信号機の信号は、全方向が一時的に赤になる信号や、時差式信号機のように特定方向の信号が赤に変わる時間をずらしているものもあります。

問2 ×

信号が青色から黄色に変わったときに交差点内を走行しているときには、そのまま交差点を通過することができます。

問3 ×

黄色の灯火信号のときは、原則として停止線をこえて進むことはできません。

問4 ○

信号が赤色や黄色の灯火であっても同時に青色の矢印があれば、自動車は矢印の方向に進むことができます。

問5 ×

信号が赤色の点滅のときには、停止位置で一時停止し、安全を確認した後に進むことができます。

問6 ○

右折の青矢印の場合でも、車両通行帯が3車線以上ある交差点では、二段階の右折方法により右折しなければならない原動機付自転車は進むことができません。

2-1 信号・標識・標示の意味

問7 □

信号機が黄色の灯火《とうか》の点滅《てんめつ》信号に対面する歩行者、車、路面電車は他の交通に注意して通行することができる。

問8 □

信号機が赤色の灯火《とうか》の点滅の信号に対面した原動機付自転車は、一時停止をすれば直進することはできるが、右左折することはできない。

問9 □

信号機が赤色の信号を表示していたが、工事現場のガードマンが進むように合図をしたので、ガードマンの指示に従って徐行《じょこう》して進行した。

問10 □

信号機が赤色の灯火《とうか》の点滅《てんめつ》の信号に対面する車は、安全確認が事前にできれば、停止位置で一時停止しなくてもよい。

問11 □

信号機の信号が青色の灯火《とうか》を表示している交差点の中央で、両腕を横に水平に上げている警察官と対面したときは、交差点手前の停止線で停止しなければならない。

問12 □

交通整理《こうつうせいり》の行われている交差点で、警察官が「止まれ」の合図をしたが信号が青だったので、徐行して通行した。

問13 □

交差点で交通巡視員《こうつうじゅんしいん》が手信号や灯火による信号をしている場合でも、信号機の信号が優先するので、信号機に従わなければならない。

解答と解説

問7 ○

黄色の灯火の点滅信号では、歩行者や車、路面電車は、**他の交通に注意して進む**ことができます。

問8 ×

赤色の灯火の点滅信号の場合でも、原動機付自転車は**標識などによる指定がなければ、右左折することができます**。

問9 ×

ガードマンは警察官や交通巡視員《こうつうじゅんしいん》ではないので、その指示に従って**信号無視することはできません**。

問10 ×

赤色の灯火の点滅信号では、車や路面電車は**停止位置で一時停止しなければなりません**。

問11 ○

信号機の表示する信号と警察官や交通巡視員《こうつうじゅんしいん》の手信号や灯火信号が異なる場合には、**警察官などの指示**に従わなければなりません。

問12 ×

警察官などが行っている手信号や灯火による信号が信号機の信号と違っていても、その**警察官などの手信号や灯火による信号の方が優先します**。

問13 ×

交通巡視員などが手信号や灯火による信号をしている場合は、信号機の信号に優先するので、**交通巡視員などの指示に従わなければなりません**。

2-1 信号・標識・標示の意味

問14 □

警察官が腕を垂直《すいちょく》に上げているとき、警察官の身体の正面に対面する交通については、信号機の赤色の信号と同じ意味である。

図2

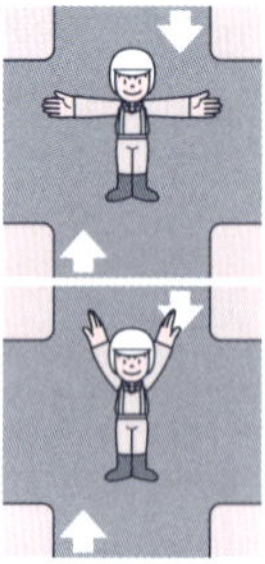

問15 □

図2の2枚の図の矢印の交通に対する警察官の手信号の意味は、どちらも同じである。

問16 □

図3のように警察官が腕を横に水平に上げているとき、矢印方向の交通は信号機の青色の灯火《とうか》と同じ意味を表している。

図3

問17 □

警察官が灯火《とうか》を横に振っているとき、振られている方向は青信号、これと交差する方向は赤信号と同じ意味である。

問18 □

図4の警察官の灯火による信号の場合、矢印の交通に対しては信号機の黄信号を意味している。

図4

問19 □

交差点以外で横断歩道、自転車横断帯、踏切もないところで警察官が手信号や灯火によって黄色または赤信号を表示しているときは、車は警察官の1メートル手前で停止する。

解答と解説

問14 ○

警察官が腕を垂直に上げているとき、警察官の身体の正面に対面する交通については赤色、平行する交通については黄色と同じ意味です。

問15 ○

警察官などに対面する交通については、腕を横に水平に上げているときも、腕を垂直に上げているときも、赤信号と同じ意味です。

問16 ○

腕を横に水平に上げている警察官などと平行する交通については、信号機の青信号と同じ意味です。

問17 ○

警察官が灯火を横に振っているとき、振られている方向は青信号、これと交差する方向は赤信号と同じです。

問18 ○

警察官が灯火を頭上に上げているとき、警察官の身体と平行する交通については黄信号と同じ意味です。

問19 ○

交差点以外で横断歩道、自転車横断帯、踏切もないところで警察官が手信号や灯火によって黄色または赤信号を表示している場合の停止位置は、警察官の１メートル手前です。

2-1 信号・標識・標示の意味

問20 □

図５の標識のある道路では、車は通行できないが、歩行者は通行することができる。

図５

問21 □

図６の標識のある道路は、自動車はすべて通行できない。

図６

問22 □

図７の標識のある道路では、道路の右側部分にはみ出さなくても追越《おいこ》しは禁止されている。

図７

問23 □

図８の標識は、この先に合流交通の交差点があることを表している。

図８

問24 □

図９の標識のある場所は、工事中なので通行することはできない。

図９

問25 □

図10の標識のある区間の軌《き》道敷《どうしき》内を通行中、後方から路面電車が近づいてきた場合でも、路面電車との距離が十分保てれば軌道敷外に出る必要はない。

図10

解答と解説

問20 ○

問題の標識は「車両通行止め」であり、車（自動車、原動機付自転車、軽車両）は通行できません。

問21 ×

問題の標識は「二輪の自動車以外の自動車通行止め」であり、二輪の自動車は通行できます。

問22 ○

問題の標識は「追越し禁止」であり、追越しはすべて禁止されています。

問23 ○

問題の標識は「合流交通あり」であり、この先に合流部分があります。

問24 ×

問題の標識は「道路工事中」なので、そのそばを通行するときには注意します。

問25 ○

軌道敷内を通行中の車に路面電車が近づいてきたときは、路面電車との距離を十分に保つか、軌道敷外に出ます。

2-1 信号・標識・標示の意味

問26 □

図11の標識は「二輪の自動車、一般原動機付自転車通行止め」を表している。

図11

問27 □

図12の標識は、自転車及び歩行者専用道路であることを表している。

図12

問28 □

図13の標識のある車両通行帯を左折するため通行している自動車は、交通が混雑していて路線バスなどが近づいてきたときに、そこから出られなくなるおそれがあるときでも通行することができる。

図13

問29 □

図14の標識は、この先に「左カーブ」があることを表している。

図14

問30 □

図15の標識は、路肩《ろかた》が崩れやすくなっているので、注意する必要があることを表している。

図15

問31 □

図16の標識のある場所は、高さ（積載《せきさい》している荷物を含む）が3.3メートルをこえる車は通行できない。

図16

解答と解説

問26 ○

問題の標識は「二輪の自動車・一般原動機付自転車通行止め」なので、二輪車と一般原動機付自転車は通行できません（軽車両を除く）。

問27 ×

問題の標識は「横断歩道・自転車横断帯」を表しています。

問28 ○

「路線バス等優先通行帯」では、優先通行帯を通行している自動車が交通が混雑していて、路線バスなどが近づいてきたときにその通行帯から出られなくなるおそれがあるときでも、右左折するため道路の右端や中央、左端に寄る場合などや工事のためやむを得ない場合には、その通行帯を通行することができます。

問29 ×

問題の標識は「指定方向外通行禁止」なので、矢印の方向以外への通行禁止を表しています。

問30 ×

問題の標識は「落石のおそれあり」なので、注意して通行します。

問31 ○

問題の標識は「高さ制限」なので、地面から3.3メートルをこえる高さの車（積載している荷物を含む）は通行できません。

2-1 信号・標識・標示の意味

問32 □

図17の標識のある交差点で右折する原動機付自転車は、信号機の信号に従い、自動車と同じ方法で右折しなければならない。

図17

問33 □

図18の標識のある道路では、車の右側の道路上に6メートルの余地《よち》があれば駐車《ちゅうしゃ》できる。

図18

問34 □

道路の左端や信号機に、図19の標示板があるときは、車は前方の信号が赤や黄色であっても、歩行者やまわりの交通に注意しながら左折することができる。

図19

問35 □

図20の標識は、表示されている最大幅より車幅の広い車は通行することができない。

図20

問36 □

図21の標識のある交差点を右折する原動機付自転車は、あらかじめできるだけ道路の中央に寄り交差点の中心のすぐ内側を徐行《じょこう》しながら通行しなければならない。

図21

解答と解説

問32 ×

問題の標識は「一般原動機付自転車の右折方法（二段階）」なので、軽車両と同じように二段階右折をします。

問33 ○

問題の標識は「駐車余地」なので、車の右側の道路上に標識により指定された6メートルの余地があれば、駐車できます。

問34 ○

問題の標識は「信号に関わらず左折可能であることを示す標示板」です。車は前方の信号が赤や黄色であっても左折することができます。この場合、信号に従って横断している歩行者や自転車の通行を妨げてはいけません。

問35 ○

問題の標識は「最大幅」なので、表示された2.2メートルの幅より広い車（荷物の幅を含む）は通行できません。

問36 ○

問題の標識は「一般原動機付自転車の右折方法（小回り）」なので、原動機付自転車で右折するときには、自動車と同じように道路の中央に寄り交差点の中心のすぐ内側を徐行しながら通行します。

問37 □

図22の標識は、パーキング・メータを作動させたり、パーキング・チケットの発給を受けた後に表示されている時間をこえて駐車《ちゅうしゃ》してはならない時間制限区間であることを示している。

図22

問38 □

図23の標識のあるところでは、駐車《ちゅうしゃ》はできないが停車することはできる。

図23

問39 □

図24の標識は、矢印が示す方向の反対方向への車の通行を禁止している。

図24

問40 □

図25の標識は、高速自動車国道または自動車専用道路であることを表している。

図25

問41 □

図26の標識のある道路では、大型自動二輪車と普通自動二輪車の二人乗り通行を禁止している。

図26

問42 □

図27の標識は、車の横断（道路外の施設などに出入りするための左折をともなう横断を除く）を禁止していることを表している。

図27

解答と解説

問37 ○

問題の標識は「時間制限駐車区間」なので、時間を限って同一の車が引き続き駐車できる道路の区間を表します。なお、車は表示されている時間をこえて駐車してはなりません。

問38 ×

問題の標識は「駐停車禁止《ちゅうていしゃきんし》」なので、停車することもできません。

問39 ○

問題の標識は「一方通行」なので、矢印が示す方向の反対方向への車の通行を禁止しています。

問40 ○

問題の標識は「自動車専用」なので、高速自動車国道または自動車専用道路であることを表しています。

問41 ○

問題の標識は「大型自動二輪車および普通自動二輪車二人乗り通行禁止」を表示しています。

問42 ○

問題の標識は「車両横断禁止」なので、道路外の施設などに出入りするための左折をともなう横断を除き、横断が禁止されています。

2-1 信号・標識・標示の意味

問43 □

図28の標識のある道路では、総重量が5.5トンをこえる車は通行できない。

図28

問44 □

図29の標識は近くに「学校・幼稚園・保育所などあり」を表している。

図29

問45 □

図30の標識は、高速道路のトンネルの出口や切り通しなどで、横風のためハンドルを取られないように注意をよびかけている。

図30

問46 □

図31の標識のある車両通行帯では、小型特殊自動車、原動機付自転車、軽車両も通行することができる。

図31

問47 □

図32の標識のある道路は、車と路面電車だけでなく、歩行者も通行できないことを表している。

図32

問48 □

図33の標識は「合流の交差点あり」であることを表している。

図33

問49 □

図34の標識のある場所では、原動機付自転車と軽車両を除く他の車の進入を禁止している。

図34

解答と解説

問43 ○

問題の標識は「重量制限」なので、総重量（車の重さ、荷物の重さ、人の重さの合計）が表示された重量をこえる車は通行できません。

問44 ×

問題の標識は「横断歩道」を表示しています。

問45 ○

問題の標識は「横風注意」なので、このような場所では横風に注意します。

問46 ○

問題の標識は「専用通行帯」なので、指定された車のほか、小型特殊自動車、原動機付自転車、軽車両も通行することができます。

問47 ○

問題の標識は「通行止め」なので、車、路面電車、歩行者のすべてが通行できません。

問48 ×

問題の標識は「Y形道路交差点あり」を表示しています。

問49 ×

問題の標識は「車両進入禁止」なので、車（自動車、原動機付自転車、軽車両）は標識の方向から進入することはできません。

2-1 信号・標識・標示の意味

問50
□
図35の標識のある場所を通行するときは、危険を避けるためやむを得ない場合のほかは、警音器《けいおんき》を鳴らしてはならない。

図35

問51
□
図36の標識は、矢印方向以外の通行を禁止することを表している。

図36

問52
□
図37の標識のあるところでは、他の車の正常な通行を妨げるおそれがないときでも転回することはできない。

図37

問53
□
図38の標識のあるところでは駐車《ちゅうしゃ》することはできないが、停車《ていしゃ》することはできる。

図38

問54
□
図39の標識は、前方にロータリーがあることを表している。

図39

問55
□
図40の標識のある交差点で停止線がないときは、交差点の直前で停止しなければならない。

図40

解答と解説

問50 ×

問題の標識は「警笛《けいてき》鳴らせ」なので、警音器を鳴らさなければなりません。

問51 ○

問題の標識は「指定方向外進行禁止」なので、右左折はできますが、直進はできません。

問52 ○

問題の標識は「転回禁止」なので、指定されている場所では転回することはできません。

問53 ○

問題の標識は「駐車禁止」なので、この場所では停車のみすることができます。

問54 ○

問題の標識は「ロータリーあり」を表示しています。

問55 ○

問題の標識は「一時停止」なので、停止線の直前（停止線がないときは、交差点の直前）で一時停止し、交差する道路を通行する車や路面電車の進行を妨げてはいけません。

2-1 信号・標識・標示の意味

問56 □

図41の標示のある道路の部分には、たとえ信号待ちの一時的な停止であっても停止することはできない。

図41

問57 □

図42のような標示のある路《ろ》側帯《そくたい》では、駐停車《ちゅうていしゃ》をすることはできないが通行することはできる。

図42

問58 □

普通自転車は、図43の標示をこえて交差点に進入してはならない。

図43

黄色

問59 □

図44の標示は前方に横断歩道または自転車横断帯があることをあらかじめ示している。

図44

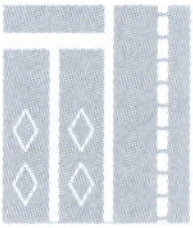

問60 □

図45のような標示のある路《ろ》側帯《そくたい》では、車は駐車《ちゅうしゃ》も停車《ていしゃ》もしてはならない。

図45

問61 □

図46の標示のある交差点で自動車や原動機付自転車で右折しようとするときは、矢印に従って徐行《じょこう》して通行しなければならない。

図46

解答と解説

問56 ○

問題の標示は「停止禁止部分」なので、この部分には停止することはできません。

問57 ×

問題の標示は「歩行者用路側帯」なので、車はこの路側帯の中に入ることができません。

問58 ○

問題の標示は「普通自転車の交差点進入禁止」なので、普通自転車はこの標示をこえて交差点に進入することはできません。

問59 ○

問題の標示は前方に「横断歩道または自転車横断帯あり」を示しています。

問60 ○

問題の標示は「駐停車禁止路側帯」なので、車の駐停車が禁止されています。

問61 ○

問題の標示は「右左折の方法」なので、矢印に従って徐行して通行しなければなりません。

2-2 運転する前の心得

●次の問題で正しいものは「○」、誤っているものには「×」と答えなさい。

問1 □

原動機付自転車に乗るときは、必ず自動車損害《そんがい》賠償《ばいしょう》責任保険か責任共済に加入する必要がある。

問2 □

普通免許を受けて1年を経過していない者は、初心者マークを車の前後の定められた位置に付けて運転しなければならない。

問3 □

短い区間を運転するときでも、自分の運転技能と車の性能に合った運転計画を立てることが必要である。

問4 □

長時間単調な運転を続けると眠くなることがあるので、少しでも眠くなったら安全な場所に車を止めて、休憩をとることが大切である。

問5 □

運転者が疲労しているときや、眠気をさそうような薬を飲んだときは、運転しないほうがよい。

問6 □

普通免許を受けている者は、普通自動車のほか、小型特殊自動車と原動機付自転車を運転できる。

問7 □

有効期限の切れた運転免許証であっても、3カ月以内であれば無免許運転にはならない。

解答と解説

問1 ○

運転する前には、運転免許証と有効な自動車検査証、自動車損害賠償責任保険証明書または責任共済証明書を備えておかなければなりません。

問2 ○

普通免許を受けて1年を経過していない初心運転者は、その車の前と後ろの定められた位置に初心者マークを付けなければなりません。

問3 ○

長距離運転のときはもちろん、短区間を運転するときにも、自分の運転技能と車の性能に合った運転計画を立てることが必要です。

問4 ○

長時間にわたって運転するときは、2時間に1回は休息をとるようにします。

問5 ○

疲れているとき、病気のとき、心配ごとのあるときなどは、運転を控《ひか》えるか、体の調子を整えてから運転するようにします。

問6 ○

普通免許では、普通自動車のほか、小型特殊自動車と原動機付自転車を運転することができます。

問7 ×

有効期限の切れた運転免許証で運転した場合は、無免許運転になります。

問8 □
総重量《そうじゅうりょう》が750キログラム以下の車をロープによらないでけん引する場合は、普通免許のほかにけん引免許が必要である。

問9 □
大型二輪免許を受けている者は、普通自動二輪車と原動機付自転車は運転することができるが、小型特殊自動車は運転することができない。

問10 □
普通免許を受けている者は、11人乗りのマイクロバスを運転することができる。

問11 □
運転免許は第一種運転免許、第二種運転免許、仮運転免許の３種類に区分される。

問12 □
免許証の停止処分中の者がその期間中に運転すると、無免許運転になる。

問13 □
第一種運転免許には、二輪免許、原付免許、小型特殊免許も含まれる。

問14 □
大型特殊免許を有する者は、普通乗用自動車を運転することができる。

解答と解説

問8 ×

車の総重量が750キログラム以下の車をけん引するときはけん引免許は必要ありません。

問9 ×

大型二輪免許では、大型と普通の自動二輪車と原動機付自転車、小型特殊自動車を運転することができます。

問10 ×

11人乗りのマイクロバスを運転するには大型免許か中型免許が必要です。

問11 ○

運転免許には第一種運転免許、第二種運転免許、仮運転免許の3種類があります。

問12 ○

免許証の停止処分中に自動車や原動機付自転車を運転すると、無免許運転になります。

問13 ○

第一種運転免許には、大型免許、中型免許、準中型免許、普通免許、大型特殊免許、大型二輪免許、普通二輪免許、原付免許、小型特殊免許があります。

問14 ×

大型特殊免許では、大型特殊自動車と小型特殊自動車、原動機付自転車を運転することができます。

2-2 運転する前の心得

問15 □

タクシーを修理のために回送するときは、第一種普通免許でも運転することができる。

問16 □

普通免許を取得後１年未満の人が原動機付自転車を運転するときには、初心者マークを付ける必要はない。

問17 □

故障車をロープなどでけん引する場合に、故障車のハンドルを操作する者は、その車を運転できる免許を持っている者でなければならない。

問18 □

遠心力の大きさは、カーブの半径が小さいほど大きくなり、速度の２乗に比例して大きくなる。

問19 □

ブレーキを踏んだときは、踏みごたえの柔らかい感じのほうが、ブレーキはよくきく。

問20 □

ファンベルトの張りぐあいは、ベルトの中央部を手で押し、ベルトが少したわむ程度がよい。

問21 □

エンジンオイルの量は、オイルレベル・ゲージ（油量計）の先端にオイルが付着するぐらいがよい。

解答と解説

問15 ○

タクシーなどの旅客自動車を営業の目的以外で運転するときは、第一種普通免許で運転することができます。

問16 ○

初心者マークをつける必要があるのは普通免許を取得後1年未満の者で、普通自動車を運転するときです。

問17 ○

故障車をロープなどでけん引する場合は、故障車にはその車を運転できる免許を持っている者にハンドルを操作させます。

問18 ○

遠心力の大きさは、カーブの半径が小さいほど大きくなり、速度の2乗に比例して大きくなります。

問19 ×

ブレーキペダルを踏んだとき、踏みごたえが柔らかく感じるときは、ブレーキ液の液漏れや空気の混入によりブレーキのききが悪くなるおそれがあります。

問20 ○

ファンベルトの張りぐあいは、ベルトの中央部を手で押してみて、ベルトが少したわむ程度であればよいでしょう。

問21 ×

エンジンオイルの量は、オイルレベル・ゲージで示されたLからFの間（なるべくFに近い位置）にあるのがよい状態です。

2-2 運転する前の心得

問22 □
自動車は登録を受けて（軽自動車は届け出）番号標（ナンバープレート）をつけなければ運転することはできない。

問23 □
タイヤの空気圧は、接地部のたわみの状態を確かめ、不足していないかどうか点検するとよい。

問24 □
タイヤの溝の深さが十分であるかどうかは、タイヤの側面にあるスリップ・サインを点検するとよく分かる。

問25 □
タイヤの空気圧は、規定圧力の半分くらいにすればブレーキもよくきき、タイヤも長持ちする。

問26 □
タクシー、ハイヤーなどの事業用の自動車や自家用の大型自動車は1カ月、自家用の普通貨物自動車などは6カ月ごとに定期点検を行い、必要な整備を受けなければならない。

問27 □
日常点検では、エンジンの調子まで点検する必要はない。

問28 □
普通貨物自動車の積み荷の幅は自動車の車幅の1.2倍、長さは自動車の長さの1.2倍をそれぞれこえてはならない。

解答と解説

問22 ○

自動車は登録を受けて（軽自動車は届け出）番号標（ナンバープレート）をつけなければなりません。

問23 ○

空気圧はタイヤの接地部のたわみの状態により、空気圧が不足していないかを点検します。

問24 ○

タイヤの溝の深さが十分であるかをウェア・インジケータ（スリップ・サイン）などにより点検します。

問25 ×

タイヤの空気圧は、規定圧力にしておかないとブレーキのききが悪くなり、タイヤの寿命も短くなります。

問26 ×

事業用の自動車、自家用の大型自動車および中型自動車などは3カ月ごとに、自家用の普通貨物自動車などは6カ月ごとに、自家用の普通乗用自動車などについては1年ごとに定期点検を行います。

問27 ×

日常点検では、エンジンルームの装置の点検も行なわなければなりません。

問28 ○

普通貨物自動車には自動車の幅×1.2メートル以下、自動車の長さ×1.2メートル以下まで積載《せきさい》物を積むことができます（ただし、車体の前後・左右0.1倍まで）。

2-2 運転する前の心得

問29 □
自動二輪車の積み荷の高さの制限は、地上から２メートル以下、長さは荷台の長さプラス30センチメートル以下までである。

問30 □
原動機付自転車であっても、同乗する人がヘルメットをかぶれば、二人乗りすることができる。

問31 □
総《そう》排《はい》気《き》量《りょう》660cc以下の普通貨物自動車には、地上から3.8メートルの高さまで荷物を積むことができる。

問32 □
大型自動車や普通自動車の荷台に積むことができる積荷の幅の制限は、その車の幅までである。

問33 □
原動機付自転車の荷台に積むことができる荷物の積載制限《せきさいせいげん》は、積載装置に0.3メートルを加えた長さまでである。

問34 □
普通貨物自動車（三輪の普通自動車と総排気量660cc以下の普通自動車を除く）の積荷の高さは地上から2.5メートルをこえてはならない。

問35 □
原動機付自転車の積載装置《せきさいそうち》に積むことのできる積載物の幅は、積載装置の幅に左右それぞれ0.3メートルを加えた幅までである。

解答と解説

問29 ○

自動二輪車には、高さは地上から2メートル以下、長さは積載装置《せきさいそうち》の長さ＋0.3メートル以下まで積載《せきさい》することができます。

問30 ×

原動機付自転車の乗車定員は1人です。

問31 ×

総排気量660cc以下の普通貨物自動車には、地上から2.5メートルの高さまで荷物を積むことができます。

問32 ×

大型自動車や中型自動車、準中型自動車、普通自動車の荷台に積むことができる積荷の幅の制限は、自動車の幅×1.2メートル以下です（ただし車体の左右0.1倍まで）。

問33 ○

原動機付自転車の荷台には、積載装置の長さ＋0.3メートルを加えた長さまで積むことができます。

問34 ×

普通貨物自動車（三輪の普通自動車と総排気量660cc以下の普通自動車を除く）の積荷の高さは地上から3.8メートルをこえてはいけません。

問35 ×

原動機付自転車の荷台には積載装置の幅＋左右それぞれ0.15メートルを加えた幅まで積むことができます。

2-2 運転する前の心得

問36 □

疲労の影響は目に最も強く現れ、疲労の度が高まるにつれて見落としや見間違いが多くなる。

問37 □

明るさが急に変わると、視力は一時急激に低下するので、トンネルに入る前やトンネルから出るときは、速度を落として通行するとよい。

問38 □

車を運転するときは、たえず前方に注意するとともに、ミラーなどにより周囲の交通の状況に目を配ることが大切であり、一点だけを注視した運転は避けなければならない。

問39 □

高速になると視力が低下し、とくに近くのものが見えにくくなるので、注意しなければならない。

問40 □

車が60キロメートル毎時でコンクリートの壁に激突《げきとつ》した場合は、約14メートル（ビルの5階程度）の高さから落ちた場合と同じ程度の衝撃力《しょうげきりょく》になる。

問41 □

車の速度と燃料消費量とは密接な関係があり、速度が低すぎても高すぎても燃料消費量は多くなる。

問42 □

走行している車を止めるときは、ブレーキをかけて車輪の回転を止め、タイヤと路面の間の摩擦抵抗を利用する。

解答と解説

問36 ○

疲労の影響は、目に最も強く現れます。疲労の度が高まるにつれて、見落としや見間違いが多くなります。

問37 ○

明るさが急に変わると、視力は、一時急激に低下します。トンネルに入る前やトンネルから出るときは、速度を落とします。

問38 ○

一点だけを注視したり、ぼんやり見ているだけでなく、たえず前方に注意するとともに、ルームミラーやサイドミラーなどによって周囲の交通の状況に目を配ります。

問39 ○

高速になると視力が低下し、とくに近くのものが見えにくくなるので、注意しなければなりません。

問40 ○

衝撃力は速度と重力に応じて大きくなり、また、固い物にぶつかるときのように、衝撃の作用が短時間に行われるほど、その力は大きくなります。

問41 ○

自動車の燃料消費量は速度が低すぎても高すぎても多くなります。

問42 ○

車を止めるためには、ブレーキをかけて車輪の回転を止め、タイヤと路面の間の摩擦抵抗を利用します。

2-3 運転の方法

●次の問題で正しいものは「○」、誤っているものには「×」と答えなさい。

問1 □
車から降りるためにドアを開けるときは、後方からの車の有無を確かめ、まず少し開けて一度止め、安全を確かめてから降りたほうがよい。

問2 □
自動車を乗り降りするときは、周囲の状況、後方からの車の有無を確認し、交通量の多いところでは左側のドアから乗り降りしたほうがよい。

問3 □
自動車を運転するときは、体を斜めにしたり、ひじを窓わくにかけたりして運転してはならない。

問4 □
はきものは運転操作には関係ないので、車を運転する前に注意をはらう必要はない。

問5 □
運転中に携帯《けいたい》電話《でんわ》などを使用したり、カーナビゲーション装置に表示された画像を注視してはならない。

問6 □
信号待ちで携帯電話を手に持って使用していたが、信号が青に変わったので、そのまま話しながら車を発進した。

問7 □
自動車を運転するときのシートの前後の位置は、クラッチを踏んだとき、ひざがまっすぐ伸びる状態に合わせる。

解答と解説

問1 ◯

車から降りるためにドアを開けるときは、まず少し開けて一度止め、安全を確かめてから降ります。

問2 ◯

乗り降りするときは、周囲の状況、とくに後方からの車の有無を確かめ、交通量の多いところでは左側のドアから乗り降りします。

問3 ◯

自動車を運転するときは、体を斜めにして運転したり、ひじを窓わくにのせて運転してはなりません。

問4 ✕

運転するときは、げたやサンダル、ハイヒールなどをはいて運転してはいけません。

問5 ◯

運転中の携帯電話などの使用や、カーナビゲーション装置に表示された画像を注視すると、周囲の交通の状況などに対する注意が不十分になり危険です。

問6 ✕

走行中に携帯電話を使用すると、周囲の交通の状況などに対する注意が不十分になり大変危険なので、電源を切っておくか、ドライブモードに設定しておきます。

問7 ✕

シートの前後の位置は、クラッチを踏み込んだとき、ひざがわずかに曲がる状態に合わせておきます。

2-3 運転の方法

問8 □ シートベルトは交通事故にあった場合の被害を大幅に軽減するとともに、正しい運転姿勢を保たせることにより、運転中の疲労を軽減するなど、さまざまな効果がある。

問9 □ エアバッグの備えのある自動車の助手席にやむを得ず幼児を乗せるときは、座席をできるだけ後ろに下げチャイルドシートを前向きに固定する。

問10 □ 安全確認が困難な場所でやむを得ずバックで発進するときは、同乗者などに後方の確認を手伝ってもらうとよい。

問11 □ 道路の中央から右側部分にはみ出して通行できるときでも、一方通行のほかは、そのはみ出しかたをできるだけ少なくなるようにする。

問12 □ 車両通行帯のない道路では、車は道路の中央より左側部分であれば、どの部分を走行してもよい。

問13 □ 左側部分の幅が6メートル未満の道路では、いかなるときでも中央線をはみ出して通行することができる。

問14 □ 同一方向に2つの車両通行帯があるときには、右側の車両通行帯は追越《おいこ》しのためにあけておく。

解答と解説

問8 ○

シートベルトは、事故の被害を軽減するとともに、正しい運転姿勢により運転中の疲労を軽減するなどの効果があります。

問9 ○

助手席用のエアバッグを備えている自動車の助手席にやむを得ずチャイルドシートを使用するときは、座席をできるだけ後ろまで下げ、必ず前向きに固定します。

問10 ○

やむを得ずバックで発進する場合で、後方の見通しがよくない場合は、同乗者などに後方の確認を手伝ってもらうようにします。

問11 ○

一方通行の場合のほかは、そのはみ出しかたができるだけ少なくなるようにしなければなりません。

問12 ×

車両通行帯のない道路では、追越《おいこ》しなどでやむを得ない場合のほかは、道路の左に寄って通行します。

問13 ×

左側部分の幅が6メートル未満であっても、追越《おいこ》しなどでやむを得ない場合のほかは、中央線をはみ出して通行することはできません。

問14 ○

２つの車両通行帯があるときは、右側の車両通行帯は追越しなどのためにあけておきます。

問15 □
通行区分を指定する標識などがなく片側に3つ以上の車両通行帯のある道路では、最も右側の車両通行帯は追越《おいこ》しのためにあけておき、それ以外の通行帯をその速度に応じて通行する。

問16 □
交差点やその付近以外の場所を通行中、緊急《きんきゅう》自動車が接近してきたときには、一般の車は左側に寄り必ず一時停止して進路をゆずる。

問17 □
交差点内を通行中に前方から緊急自動車が接近してきたときには、直ちにその場に一時停止して通過を待つ。

問18 □
一方通行の道路で緊急自動車が近づいてきたときは、左側に寄るとかえって緊急自動車の妨げとなるようなときであっても、必ず左側に寄る。

問19 □
標識等によって路線バス等の専用通行帯が指定されている道路では、普通自動車は車庫に入るための左折であってもその通行帯を通行できない。

問20 □
路線バス専用通行帯であっても、小型特殊自動車や原動機付自転車は専用通行帯を通行できる。

問21 □
路線バス等優先通行帯を通行中、後方からバスが見えたので右側の車線へ進路を変えようとしたが、混雑していたのでそのまま通行した。

解答と解説

問15 ○

同一方向に３つ以上の車両通行帯が設けられているときは、その最も右側の車両通行帯は追越しのためにあけておき、それ以外の通行帯をその速度に応じて通行することができます。

問16 ×

交差点やその付近以外の場所で緊急自動車が接近してきたときは、道路の左側に寄り進路をゆずればよく、必ずしも一時停止の必要はありません。

問17 ×

交差点内で緊急自動車が接近してきたときは、交差点を避けて、道路の左側に寄り一時停止します。

問18 ×

一方通行の道路で左側に寄ると、かえって緊急自動車の通行の妨げとなるようなときは、右側に寄らなければなりません。

問19 ×

標識等によって路線バス等の専用通行帯が指定されている道路でも、普通自動車などは右左折などのためや工事などでやむを得ない場合は通行できます。

問20 ○

路線バス専用通行帯であっても、小型特殊自動車、原動機付自転車、軽車両は通行できます。

問21 ×

後方から路線バスなどが近づいてきたら道をゆずります。混雑などで優先通行帯から出られなくなるおそれがあれば、はじめからその通行帯を通行してはいけません。

2-3 運転の方法

問22 □

オートマチック車はチェンジレバーが「P」または「N」の位置にないときにはエンジンが始《し》動《どう》しない構造になっているので、チェンジレバーが「N」に入っていることを確認してからエンジンを始動する。

問23 □

オートマチック車を運転する場合、ブレーキペダルをしっかり踏んだまま、チェンジレバーの位置を目で確認し、前進する場合は「D」に入れる。

問24 □

オートマチック車では、ブレーキペダルをしっかりと踏んでおかないとアクセルペダルを踏まなくても自動車がゆっくり動き出すことがある。

問25 □

オートマチック車で長い下り坂を走行するときは、エンジンブレーキをきかせるためチェンジレバーを「2」か「1」(または「L」)に入れるとよい。

問26 □

オートマチック車は、エンジン始動《しどう》直後の高速回転時にチェンジレバーを「D」に入れると、急発進することがある。

解答と解説

問22 ×

オートマチック車のエンジン始動時はハンドブレーキをきかせ、チェンジレバーが「P」の位置にあることを確認したうえで、ブレーキペダルを踏み、エンジンを始動しましょう。

問23 ○

発進するときは、ブレーキペダルをしっかり踏んだまま、チェンジレバーを前進のときには「D」に、後退のときには「R」に入れます。

問24 ○

オートマチック車はクリープ現象により、アクセルペダルを踏まなくても、自動車がゆっくり動き出します。

問25 ○

長い下り坂ではエンジンブレーキを活用し、フットブレーキは補助的に使います。

問26 ○

オートマチック車は、エンジン始動直後やエアコン作動時には、エンジンの回転数が高くなり、チェンジレバーを「D」に入れると、急発進する危険があります。

2-4 歩行者の保護

●次の問題で正しいものは「○」、誤っているものには「×」と答えなさい。

問1 □
横断歩道のない交差点やその近くを歩行者が横断しているときは、必ず一時停止をして、その通行を妨げてはならない。

問2 □
安全地帯のそばを通るときは、歩行者がいないことが明らかな場合であっても、徐行《じょこう》しなければならない。

問3 □
路面電車が安全地帯のない停留所に停止して乗降客がいない場合でも、路面電車との間隔を1.5メートルあければ徐行《じょこう》して通過できる。

問4 □
安全地帯のない停留所で路面電車から人が乗り降りしている場合でも、路面電車との間に1.5メートル以上の間隔があれば徐行《じょこう》して通行できる。

問5 □
停留所で乗り降りする人がいないときで、路面電車との間に1.5メートルの間隔がとれるか、安全地帯があるときは徐行《じょこう》して通行できる。

問6 □
止まっている車のそばを通行するときは、車のかげから人が飛び出してくることがあるので、特に注意して運転するのがよい。

問7 □
横断歩道や自転車横断帯に近づいたときに、横断する歩行者や自転車がいないことが明らかな場合でも、必ず徐行《じょこう》しなければならない。

解答と解説

問1 ×

横断歩道のない交差点やその近くを歩行者が横断しているときには、その通行を妨げない(*)ようにすればよく、必ず一時停止をしなければならない規定はありません。

問2 ×

安全地帯のそばを通るときは、歩行者がいないことが明らかな場合には、徐行の規定はありません。

問3 ○

乗降客や道路を横断する人がいないときには、路面電車との間隔を1.5メートル以上あければ、徐行して通過することができます。

問4 ×

安全地帯のないときには、乗り降りする人や道路を横断する人がいなくなるまで、路面電車の後方で停止して待たなければなりません。

問5 ○

乗り降りする人がいないときで路面電車との間に1.5メートル以上の間隔があるときや安全地帯があるときは、徐行して進むことができます。

問6 ○

止まっている車のそばを通るときは、急にドアが開いたり、車のかげから人が飛び出したりする場合があるので注意が必要です。

問7 ×

横断歩道などに近づいたときに、横断する歩行者や自転車がいないことが明らかな場合には、そのまま進むことができます。徐行の規定はありません。

＊「妨げない」とは、速度を落としたり、徐行したり、場合によっては一時停止することをいいます。

2-4 歩行者の保護

問8 □ 横断歩道のない交差点を歩行者が横断しようとしていたので、警音器《けいおんき》を鳴らして横断を中止させた。

問9 □ 自転車横断帯に近づいたときに、そのそばにいる自転車が横断するのかどうか判断できない場合には、徐行《じょこう》して通行しなければならない。

問10 □ 目の不自由な人が盲導犬を連れて歩いているときは、一時停止か徐行《じょこう》をしてその通行を妨げてはならない。

問11 □ こどもの乗り降りのため停車している通学通園バスのそばを通るときは、徐行《じょこう》して安全を確かめなければならない。

問12 □ こどもは突然路上に飛び出したり、無理に道路を横断しようとするので、そばを通るときは、特に注意しなければならない。

問13 □ 高齢者を乗せた車いすを、健康な人が押して通行しているときは、一時停止や徐行《じょこう》をしなくてもよい。

問14 □ 車は、道路に面した場所に出入りするためであっても、歩道や路側帯《ろそくたい》を横切ってはならない。

解答と解説

問8 ×

横断歩道のない交差点などを歩行者が横断しようとしているときや横断しているときは、その通行を妨げてはいけません。

問9 ×

自転車が横断するかどうか明らかでないときには、自転車横断帯の手前で停止できるように速度を落として進まなければなりません。

問10 ○

目の不自由な人だけでなく、こどもがひとり歩きしているとき、通行に支障のある高齢者が通行しているときも同様です。

問11 ○

止まっている通学通園バスのそばを通るときは、徐行して安全を確かめなければなりません。

問12 ○

こどもは、興味をひくものに夢中になり、突然路上に飛び出したり、判断が未熟なために、無理に道路を横断しようとすることがあるので、特に注意します。

問13 ×

健康な人が押していても、一時停止か徐行をして車いすの安全を確保しなければなりません。

問14 ×

原則として車は歩道や路側帯、自転車道などを通行できませんが、道路に面した場所に出入りするために横切る場合は別です。

2-4 歩行者の保護

問15 □

ガソリンスタンドから出るとき、スタンドの店員の指示に従って徐行《じょこう》して歩道を横切った。

問16 □

歩行者用道路では沿道に車庫を持つ車などで特に通行を認められた車だけが通行できるが、この場合は、特に歩行者に注意して徐行しなければならない。

問17 □

道路に面した場所に出入りするため、歩道や路《ろ》側帯《そくたい》を横切る場合でも歩行者の通行を妨げなければ、その直前で一時停止する必要はない。

問18 □

横断歩道や自転車横断帯の手前に止まっている車のそばを通って前に出るときには、徐行《じょこう》しなければならない。

問19 □

高齢者が高齢者マークの付いている自動車を運転している場合には、危険をさけるためやむを得ない場合のほかは、その車の側方に幅寄せしたり、無理に前方に割り込んではならない。

解答と解説

問15 ×

歩道や路側帯《ろそくたい》を横切るときは、歩道や路側帯の直前で一時停止をして、歩行者の通行を妨げないようにします。

問16 ○

歩行者用道路を通行する車は、特に歩行者に注意して徐行しなければなりません。

問17 ×

道路に面した場所に出入りするため歩道や路側帯を横切る場合には、その直前で一時停止しなければなりません。

問18 ×

横断歩道や自転車横断帯とその手前に止まっている車のあるときは、そのそばを通って前方に出る前に一時停止をしなければなりません。

問19 ○

高齢者マーク、初心者マーク、聴覚障害者マーク、身体障害者マーク、仮免許練習標識を付けた車には、危険をさけるためやむを得ない場合のほかは、その車の側方に幅寄せしたり、前方に無理に割り込んではいけません。

2-5 安全な速度

●次の問題で正しいものは「○」、誤っているものには「×」と答えなさい。

問1 □

標識や標示で最高速度が指定されていない一般道路では、普通自動車は60キロメートル毎時をこえて運転してはならない。

問2 □

最高速度が40キロメートル毎時の道路では、原動機付自転車も40キロメートル毎時で走行することができる。

問3 □

最高速度50キロメートル毎時と指定されている道路では、普通自動二輪車は50キロメートル毎時で走行することができる。

問4 □

運転者が疲れていると、危険を認知し判断して操作《そうさ》するまでに時間がかかるので、空走距離は長くなる。

問5 □

疲れているときは空走距離が長くなり、重い荷物を積んでいる場合などは制動距離が長くなる。

問6 □

速度は、決められた速度の範囲内で、道路や交通の状況、天候や視界などに応じて、安全な速度を選ぶべきである。

問7 □

環状交差点内を通行する車は、徐行しなければならない。

解答と解説

問1 ○

標識や標示で最高速度が指定されていない一般道路では、自動車は60キロメートル毎時をこえて運転してはいけません。

問2 ×

原動機付自転車を運転する場合は、30キロメートル毎時をこえて走行してはいけません。

問3 ○

最高速度が指定されている道路では、自動車は指定された最高速度をこえて走行してはいけません。

問4 ○

空走距離とは、運転者が危険を感じてからブレーキを踏み、ブレーキが実際にきき始めるまでの間に走る距離をいいます。

問5 ○

疲れているときは、危険を認知して判断するまでに時間がかかるので、空走距離が長くなり、重い荷物を積んでいる場合などは制動距離が長くなります。

問6 ○

決められた速度の範囲内であっても、道路や交通の状況、天候や視界などをよく考えて、安全な速度で走ります。

問7 ○

環状交差点内を通行する車は、交差点の左側端に沿って徐行しなければならない。

2-5 安全な速度

問8 □

停止距離とは、ブレーキが実際にきき始めてから車が停止するまでの距離をいう。

問9 □

制動《せいどう》距離とは、運転者が危険を感じてからブレーキを踏み、ブレーキが実際にきき始めるまでの間に車が走る距離をいう。

問10 □

自動車を停止させるときは、むやみにブレーキを使わず、なるべくアクセルの操作で徐々に速度を落としてから止まるのがよい。

問11 □

路面が雨にぬれているところでブレーキをかけるときは、ブレーキペダルを力強く一気に踏み込むのがよい。

問12 □

アンチロックブレーキシステム（ＡＢＳ）を備えた自動車で急ブレーキをかけるときは、ブレーキペダルを数回に分けて踏む。

問13 □

深い水たまりを通るとブレーキドラムに水が入って、一時的にブレーキのききがよくなる。

問14 □

タイヤがすり減っている車で、雨の日に高速道路を走行するときは、通常の場合の２倍程度の車間距離をとる必要がある。

解答と解説

問8 ×

停止距離とは、運転者が危険を感じてからブレーキをかけ、ブレーキがきき始めてから車が停止するまでの距離をいいます。

問9 ×

制動距離とは、ブレーキがきき始めてから車が完全に停止するまでの距離をいいます。

問10 ○

むやみにブレーキを使わず、なるべくアクセルの操作で徐々に速度を落としてから止まるようにします。

問11 ×

道路がすべりやすい状態のときには、ブレーキは数回に分けて使うようにします。

問12 ×

ＡＢＳを備えた自動車で急ブレーキをかけるときは、システムを作動させるため、ブレーキペダルを一気に強く踏み込み、踏み続けます。

問13 ×

ブレーキドラムに水が入ると、一時的にブレーキのききが悪くなります。

問14 ○

路面が雨にぬれ、タイヤがすり減っている場合は、乾燥した路面でタイヤの状態がよい場合に比べて、２倍程度の車間距離が必要となります。

問15 □
急ブレーキは危険をさけるためやむを得ないとき以外にはかけないようにする。ブレーキをかけるときは、数回に分けて踏むのがよい。

問16 □
「警笛《けいてき》鳴らせ」の標識がなくても、見通しの悪い交差点を通行するときは、警音器《けいおんき》を鳴らさなくてはならない。

問17 □
上り坂の頂上付近は、見通しが悪いので徐行《じょこう》しなければならない。

問18 □
同一方向に進行しながら進路を変えるときの合図の時期は、進路を変えようとするときの約30メートル手前の地点に到着したときである。

問19 □
環状交差点を右折する車は、右折する地点の30m手前の地点に達したときに、合図を行わなければならない。

問20 □
後退するときの合図の時期は、後退しようとするときの約3秒前である。

問21 □
方向指示器による合図と合わせて、手による合図は行ってはならない。

解答と解説

問15 ○

ブレーキは数回に分けて踏むようにします。ブレーキを数回に分けてかけるとブレーキ灯が点滅《てんめつ》し、後続車への合図となって追突防止に役立ちます。

問16 ×

「警笛鳴らせ」の標識がある場所を通るときや、「警笛区間」の標識がある区間内で見通しのきかない交差点、曲り角、上り坂の頂上を通るときには、鳴らさなければなりません。また、危険をさけるためやむを得ない場合にも鳴らすことができます。

問17 ○

上り坂の頂上付近やこう配の急な下り坂では、徐行しなければなりません。

問18 ×

同一方向に進行しながら進路を変えるときの合図の時期は、進路を変えようとするときの約３秒前です。

問19 ×

環状交差点で右折する車は、左折（合図はしない）で進入し、環状交差点内を右回りに進行し、出ようとする地点のひとつ手前の出口を通過したときに、左折の合図を行う。

問20 ×

後退するときの合図の時期は、後退しようとするときです。

問21 ×

夕日の反射などによって方向指示器が見えにくい場合には、方向指示器の操作《そうさ》と合わせて、手による合図を行うようにします。

2-6 追越しなど

●次の問題で正しいものは「○」、誤っているものには「×」と答えなさい。

問1 □

追抜《おいぬ》きとは車が進路を変えずに、進行中の前の車の前方に出ることである。

問2 □

前方の車を追《お》い越《こ》すときは、その車が右折するため道路の中央に寄って通行しているときなどのほか、その車の右側を追い越さなければならない。

問3 □

前の車を追い越す場合、追い越した車の進行を妨げなければ道路の左側に戻れないときには追《おい》越《こ》しをしてはならない。

問4 □

追越《おいこ》しが禁止されている場所であっても、自動車で原動機付自転車を追い越しても違反ではない。

問5 □

横断歩道の直前で歩行者の横断がないと確認できる場合は、前の車を追《お》い越《こ》してもよい。

問6 □

安全地帯の左側とその前後10メートル以内の場所では、追越《おいこ》しをしてはならない。

解答と解説

問1 ○

追越《おいこ》しとは、車が進路を変えて、進行中の前の車の前方に出ることをいい、追抜きとは、車が進路を変えないで、進行中の前の車の前方に出ることをいいます。

問2 ○

前方の車を追い越すときは、その右側を通行しなければなりません。しかし、前方の車が右折するため、道路の中央（一方通行の道路では、右端）に寄って通行しているときは、その左側を通行します。

問3 ○

前の車の進行を妨げなければ道路の左側部分に戻ることができないようなときは、追越しをしてはいけません。

問4 ×

追越し禁止の場所では、自動車で原動機付自転車を追い越すことはできません。

問5 ×

横断歩道とその手前から30メートル以内の場所では追《おい》越《こ》しや追《おい》抜《ぬ》きは禁止されています。

問6 ×

安全地帯の左側とその前後10メートル以内の場所は駐停車禁止ですが、追越しは禁止されていません。

2-6 追越しなど

問7 □

原動機付自転車を追い越そうとしている前車を追い越ししてもよい。

問8 □

車両通行帯のあるトンネルで追越《おいこ》しをするときは、進路を変えたり、その横を通り過ぎてもよい。

問9 □

優先道路を通行している場合であれば、交差点(環状交差点《かんじょうこうさてん》を除く)やその手前から30メートル以内の場所でも、自動車や原動機付自転車を追《お》い越《こ》してもよい。

問10 □

こう配の急な上り坂は追越《おいこ》し禁止であるが、こう配の急な下り坂は追越し禁止ではない。

問11 □

自動車を運転して、上り坂の頂上付近を徐行している原動機付自転車の横を通り過ぎた。

問12 □

道路の曲がり角付近では、追越しをしてはならない。

問13 □

他の車に追い越されるときに、相手に追越《おいこ》しをするための十分な余地《よち》がないときは、できるだけ左に寄り進路をゆずらなければならない。

解答と解説

問7 ○

追い越そうとしているのが原動機付自転車なら、二重追い越しにならない。ただし、前の車が自動車を追い越そうとしているときの追越しは二重追越しとなり、禁止されている。

問8 ○

車両通行帯のあるトンネル内での追越しは、禁止されていません。

問9 ○

優先道路を通行している場合は、交差点（環状交《かんじょうこう》差《さ》点《てん》を除く）とその手前から30メートル以内の場所であっても、自動車や原動機付自転車を追い越すことができます。

問10 ×

こう配の急な下り坂は追越し禁止ですが、こう配の急な上り坂は追越し禁止ではありません。

問11 ×

上り坂の頂上付近は追越し禁止の場所なので、原動機付自転車を追い越すため、進路を変えたり、その横を通り過ぎたりしてはいけません。

問12 ○

道路の曲がり角付近では、自動車や原動機付自転車を追い越すため、進路を変えたり、その横を通り過ぎたりしてはいけません。

問13 ○

追《お》い越《こ》されるときに、追越しに十分な余地のない場合は、できるだけ左に寄り進路をゆずらなければなりません。

2-6 追越しなど

問14 □

追《お》い越《こ》されるときは、追越《おいこ》しが終わるまで速度を上げてはならない。

問15 □

前方の車を追《お》い越《こ》そうとするときは、まず、その場所が追越《おいこ》し禁止の場所でないかを確かめる。

問16 □

前方の車を追《お》い越《こ》すときは、たとえ瞬間的であっても指定された最高速度をこえて運転してはならない。

問17 □

前の車が踏切や交差点などで停止や徐行《じょこう》しているときは、その前に割り込んだり、その前を横切ったりしてはならない。

問18 □

進路の前方に障害物があるときは、一時停止か減速《げんそく》して、反対方向からの車に道をゆずらなければならない。

問19 □

荷物の積卸《つみおろ》しのため停車《ていしゃ》している車の前を原動機付自転車で横切ったのは違反である。

解答と解説

問14 ○

追い越されるときは、追越しが終わるまで速度を上げてはいけません。

問15 ○

追い越しをするときには、その場所が追越し禁止の場所でないことを確かめます。

問16 ○

車を追い越すときは、最高速度の制限内で行わなければなりません。

問17 ○

前の車が交差点や踏切などで停止や徐行しているときは、その前に割り込んだり、その前を横切ったりしてはいけません。

問18 ○

進路の前方に障害物があるときは、あらかじめ一時停止か減速をして、反対方向からの車に道をゆずります。

問19 ×

停車している車や駐車《ちゅうしゃ》している車の前を横切っても違反にはなりません。

2-7 交差点の通り方

●次の問題で正しいものは「○」、誤っているものには「×」と答えなさい。

問1 □

車は左折のとき、内輪差《ないりんさ》（曲がるとき後輪が前輪よりも内側を通る）が生じるが、右折のときは生じない。

問2 □

交差点（環状交差点《かんじょうこうさてん》を除く）で左折しようとするときは、あらかじめできるだけ道路の左端に寄り、交差点の側端《そくたん》に沿って進行すれば徐行《じょこう》しなくてもよい。

問3 □

道路外に出るため右折しようとするときは、あらかじめできるだけ道路の中央（一方通行の道路では右端）に寄って徐行《じょこう》しなければならない。

問4 □

交通整理《こうつうせいり》の行われている交差点を右折や左折をするときでも徐行《じょこう》しなければならない。

問5 □

交差点（環状交差点《かんじょうこうさてん》を除く）で右折しようとするとき、その交差点を反対方向から直進する車があるときは、自分の車が先に交差点に入っていても直進車を優先させる。

問6 □

車両通行帯のある道路で、標識などによって交差点で進行する方向ごとに通行区分が指定されているときでも、緊急《きんきゅう》自動車が近づいて来た場合には、指定された区分に従って通行しなくてもよい。

解答と解説

問1 ×

内輪差は車が曲がるとき後輪が前輪より内側を通ることによる前後輪の軌跡《きせき》の差をいい、左折や右折のときに生じます。

問2 ×

交差点（環状交差点《かんじょうこうさてん》を除く）で左折しようとするときは、あらかじめできるだけ道路の左端に寄り、交差点の側端に沿って徐行しながら通行しなければなりません。

問3 ○

右折しようとするときは、あらかじめできるだけ道路の中央（一方通行の道路では右端）に寄り徐行しなければなりません。

問4 ○

交差点を右折や左折をするときは徐行しなければなりません。

問5 ○

右折しようとする場合に、その交差点（環状交差点《かんじょうこうさてん》を除く）で直進か左折をする車があるときは、自分の車が先に交差点に入っていても、その進行を妨げてはいけません。

問6 ○

車両通行帯のある道路で、標識などによって交差点で進行する方向ごとに通行区分が指定されているときには、緊急自動車が近づいて来た場合や道路工事などでやむを得ない場合のほかは、指定された区分に従って通行しなければなりません。

2-7 交差点の通り方

問7 □

前方の交通が混雑しているため、そのまま交差点に入ると交差点内で止まってしまい、交差方向の車の通行を妨げるおそれがあるときは、信号が青でも交差点に入ることはできない。

問8 □

交通整理《こうつうせいり》が行われていない道幅が同じような交差点（環状交差点《かんじょうこうさてん》を除く）では、自分の車が通行している道路と交差する道路を左方から進行してくる車の進行を妨げてはならない。

問9 □

見通しのきかない交差点では、信号の有無にかかわらず徐行運転しなければならない。

問10 □

図のような信号機のない交差点では、普通自動車Aは普通自動車Bの進行を妨げてはならない。

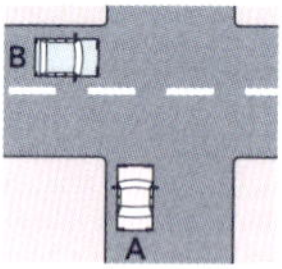

問11 □

道幅が異なる交通整理《こうつうせいり》が行われていない交差点（環《かん》状交差点《じょうこうさてん》を除く）で、道幅の広い道路を通行している場合には、交差する道幅の狭い道路を左方からくる車があっても、そのまま通行することができる。

問12 □

交差する道路が優先道路であるときや道幅が明らかに広い場合は、徐行《じょこう》するとともに交差する道路を通行する車や路面電車の進行を妨げてはならない。

解答と解説

問7 ○

前方の交通が混雑しているため、交差点内で止まってしまい、交差方向の車の通行を妨げるおそれがあるときは、信号が青でも交差点に入ることはできません。

問8 ○

道幅が同じような交差点（環状交差点《かんじょうこうさてん》を除く）では、交差する道路を路面電車や左方からくる車があるときは、路面電車や左方から進行してくる車の進行を妨げてはいけません。

問9 ×

信号機などで交通整理が行われているところや、優先道路を通行しているときは徐行運転の必要はありません。

問10 ○

普通自動車Bが通行している道路は交差点内まで中央線が引かれている優先道路なので、普通自動車Aは普通自動車Bの進行を妨げてはいけません。

問11 ○

交通整理が行われていない道幅が異なる交差点（環状交《かんじょうこう》差点《さてん》を除く）では、道幅の狭い道路を通行する車は、道幅の広い道路を通行する車の進行を妨げてはいけません。

問12 ○

交差する道路が優先道路であるときやその道幅が広いときは、徐行するとともに、交差する道路を通行する車や路面電車の進行を妨げてはいけません。

2-8 駐車と停車

●次の問題で正しいものは「○」、誤っているものには「×」と答えなさい。

問1 □

荷物の積卸《つみおろ》しのため停止する場合、運転者が車から離れていてすぐに運転できなくても5分以内であれば停車《ていしゃ》になる。

問2 □

駐車禁止《ちゅうしゃきんし》の場所であっても人がくるのを待つための停止は違反にはならない。

問3 □

火災報知機から1メートル以内の場所は、人の乗り降りのための停車《ていしゃ》はすることができる。

問4 □

踏切とその端から前後10メートル以内の場所は、駐車《ちゅうしゃ》も停車《ていしゃ》もしてはならない。

問5 □

車から離れるとき、平地や下り坂ではギアをバックに入れておく。

問6 □

消防用防火水そうの取り入れ口から5メートル以内の場所には、駐車《ちゅうしゃ》も停車《ていしゃ》もすることはできない。

問7 □

路線バスの停留所の標示板（標示柱）があるところから10メートル以内の場所は、運行時間中に限り駐車《ちゅうしゃ》も停車《ていしゃ》もしてはならない。

解答と解説

問1 ×

5分以内の貨物の積卸しであっても、運転者が車から離れて直ちに運転することができない状態にある場合は駐《ちゅう》車《しゃ》になります。

問2 ×

人を待つための停止は駐車になるので、駐車が禁止されている場所では違反になります。

問3 ○

火災報知機から1メートル以内の場所では、駐車は禁止されていますが、停車は禁止されていません。

問4 ○

踏切とその端から前後10メートル以内の場所は、駐停車禁止場所です。

問5 ○

車から離れるときは、危険防止のため、ギアを平地や下り坂ではバックに、上り坂ではローに入れておきます。

問6 ×

消防用防火水そうの取り入れ口から5メートル以内の場所では、駐車は禁止されていますが、停車は禁止されていません。

問7 ○

運行時間中に限り、バス、路面電車の停留所の標示板（標示柱）があるところから10メートル以内の場所は、駐《ちゅう》停《てい》車《しゃ》禁《きん》止《し》場所です。

2-8 駐車と停車

問8 □

道路工事の区域の端から５メートル以内の場所は、駐車《ちゅうしゃ》も停車《ていしゃ》も禁止されている。

問9 □

横断歩道の手前10メートルのところでは、標識などで駐停車《ちゅうていしゃ》が禁止されていなければ駐車《ちゅうしゃ》も停車《ていしゃ》もできる。

問10 □

消防用機械器具の置場と、その道路に接する出入口から５メートル以内の場所は、駐車《ちゅうしゃ》や停車《ていしゃ》が禁止されている。

問11 □

交差点とその端から５メートル以内は駐停車禁《ちゅうていしゃきん》止《し》であり、たとえ危険防止といえども停止してはならない。

問12 □

標識などで駐車《ちゅうしゃ》が禁止されていない道路であっても、駐車した場合、車の右側に3.5メートル以上の余地《よち》がなければ駐車できない。

問13 □

駐車した車の右側に3.5メートル以上の余地《よち》がない道路で、傷病者の救護のためやむを得ないときは、駐車しても違反ではない。

問14 □

道路に平行して駐車《ちゅうしゃ》や停車《ていしゃ》をしている車の右側には、駐車や停車をしてはならない。

解答と解説

問8 ×

道路工事の区域の端から５メートル以内の場所は、駐車のみが禁止されています。

問9 ○

横断歩道とその端から前後に５メートル以内の場所は駐停車が禁止されていますが、10メートルの場所では駐停車は禁止されていません。

問10 ×

消防用機械器具の置場、消防用防火水そう、これらの道路に接する出入口から５メートル以内の場所は、駐車のみが禁止されています。

問11 ×

駐停車《ちゅうていしゃ》が禁止されている場所であっても、警察官の命令や危険防止のため一時停止する場合などは、これらの場所に停止することができます。

問12 ○

駐車した場合、車の右側の道路上に3.5メートル以上の余地がなくなる場所では駐車してはいけません。

問13 ○

駐車《ちゅうしゃ》した場合に車の右側の道路上に3.5メートル以上の余地がない場所でも、傷病者の救護のためやむを得ないときには、駐車できます。

問14 ○

道路に平行して駐停車している車と並んで駐停車することはできません。

2-8 駐車と停車

問15 □

夜間、道路に駐停車《ちゅうていしゃ》するとき、道路照明などにより50メートル後方から見える場合は、非常点滅表示灯、駐車灯《ちゅうしゃとう》または尾灯をつけなくてもよい。

問16 □

車が故障してやむを得ず道路上で駐車する場合は、車に「故障」と書いた紙を張っておけばよい。

問17 □

安全地帯の左側とその前後10メートル以内の場所は駐車《ちゅうしゃ》してはならないが、停車することはよい。

問18 □

駐車禁止《ちゅうしゃきんし》でない場所に駐車するときは、昼夜を問わず同じ場所に引き続き12時間まで駐車することができる。

問19 □

路側帯《ろそくたい》の幅が1メートルの1本の白線によって区分されているところでは、その場所に駐車《ちゅうしゃ》するときは路側帯に入り、車の左側に0.75メートルの余《よ》地《ち》を残さなければならない。

問20 □

図の表示板は、パーキング・チケット発給設備があることを示す表示板である。

解答と解説

問15 ○

夜間、駐停車するときに照明などにより50メートル後方から見える場合や、停止表示器材を置いている場合は非常点滅表示灯などをつけなくてもかまいません。

問16 ×

故障のために道路上に駐車する場合でも、停止表示器材を置くなどして、直ちにレッカー車などを呼んで移動のための措置を行います。

問17 ×

安全地帯の左側とその前後10メートル以内の場所は駐停車禁止です。

問18 ×

駐車禁止でない場所であっても原則として同じ場所に引き続き12時間以上、夜間は8時間以上駐車することはできません。

問19 ○

1本の白線によって区分されていて、幅が0.75メートル以上ある路側帯なら、車の左側に0.75メートルの余地を残せば、その路側帯に入って駐車することができます。

問20 ○

問題の表示板は「パーキング・チケット発給設備があることを示す表示板」を表しています。

2-9 危険な場所などの運転

●次の問題で正しいものは「○」、誤っているものには「×」と答えなさい。

問1 □
踏切を通過しようとするときは、その直前（停止線があるときはその直前）で一時停止をして安全を確かめなければならない。

問2 □
踏切に信号機がある場合、青信号であれば一時停止しないで信号機に従って通過できる。

問3 □
踏切の手前で警報《けいほう》機《き》が鳴り出したときは、急いで踏切を通過しなければならない。

問4 □
踏切内で動きがとれなくなるおそれがなく、前車に続いて通過する場合には、その直前で安全確認すれば一時停止をしなくてもよい。

問5 □
踏切を通過するとき、踏切の向こう側が混雑していて踏切内で動きがとれなくなるおそれがあるときは、踏切内に入ってはならない。

問6 □
踏切では、エンストを防止するため、発進したときの低速ギアのまま一気に通過し、やや中央寄りを通行するのがよい。

問7 □
踏切内で車が故障したとき、発煙筒などを使い切ってしまったときは、煙の出やすいものを燃やしたりして合図をすることも必要である。

解答と解説

問1 ○

踏切を通過しようとするときは、その直前（停止線があるときはその直前）で一時停止をし、安全を確かめなければなりません。

問2 ○

信号機のある踏切では、青信号の信号に従えば一時停止せずに通過することができますが、安全確認は行なわなくてはなりません。

問3 ×

踏切の手前で警報機が鳴り出したときは、踏切の手前で停止し踏切に入ってはいけません。

問4 ×

前の車に続いて通過するときでも、一時停止をし、安全を確かめなければなりません。

問5 ○

踏切の向こう側が混雑しているため、そのまま進むと踏切内で動きがとれなくなるおそれがあるときは、踏切内に入ってはいけません。

問6 ○

踏切では、歩行者や対向車に注意しながら、落輪《らくりん》しないように中央寄りを通ります。

問7 ○

発煙筒などがなかったり、使い切ってしまったりしたときは、煙の出やすいものを付近で燃やすなどして合図をします。

2-9 危険な場所などの運転

問8 □ 長い下り坂では、フットブレーキを頻繁に使い過ぎるとブレーキがきかなくなることがあるので、低速ギアを用い、エンジンブレーキを活用するのがよい。

問9 □ 下り坂では加速がつき、停止距離が長くなるので、車間距離は広くあけたほうがよい。

問10 □ 上り坂での発進はむずかしいので、ハンドブレーキを利用し、失敗して車が後ろに下がらないようにする。

問11 □ 狭い坂道での行き違いができないときは、下りの車は加速がつくので、上りの車が道をゆずる。

問12 □ 片側ががけになっている狭い道路での行き違いは、がけ側と反対側の車があらかじめ停止して、がけ側の車に進路をゆずる。

問13 □ 山道のカーブでは、対向車が中央線をはみ出してくることがあるので、できるだけ路肩《ろかた》を通行するのがよい。

問14 □ 曲がり角やカーブでは、対向車が道路の中央からはみ出してくることを予測して、運転することが必要である。

解答と解説

問8 ○

下り坂では、低速のギアを用い（オートマチック車ではチェンジレバーを「2」か「L」〈または「1」〉に入れる）、エンジンブレーキを活用します。

問9 ○

下り坂では加速がつき、停止距離が長くなるので、車間距離を広くとります。

問10 ○

上り坂で発進するときは、できるだけハンドブレーキを利用し、車が後ろに下がらないようにします。

問11 ×

坂道では、上り坂での発進がむずかしいため、下りの車が、上りの車に道をゆずります。

問12 ×

片側ががけになっている狭い道路での行き違いは、がけ側の車が一時停止をして、がけ側と反対側の車に進路をゆずります。

問13 ×

山道では、路肩がくずれやすくなっていることがあるので、路肩に寄り過ぎないように注意します。

問14 ○

曲がり角やカーブでは、対向車が道路の中央からはみ出してくることがあるので注意します。

2-9 危険な場所などの運転

問15 □

夜間、自分の車のライトと対向車のライトで道路の中央付近の歩行者などが見えなくなること（蒸発現象）がある。

問16 □

夜間、車を運転するときは、視線を遠方に向けると対向車のライトが目に入ったりするので、視線は直前に向け遠方を見ないようにするのがよい。

問17 □

一般道路のトンネルの中で50メートル前方まで確認できないような場所を通行するときは、灯《とう》火《か》をつけなくてはならない。

問18 □

夜間、見通しの悪い交差点で車の接近を知らせるために、前照灯を点滅《てんめつ》した。

問19 □

夜間、一般道路に普通自動車を駐車《ちゅうしゃ》するときは、道路の照明などにより50メートル後方からはっきり見えるところであれば、非常点滅《てんめつ》表示灯や駐車灯《ちゅうしゃとう》または尾灯をつけなくてもよい。

問20 □

雨の日は、窓を閉めておくと湿気で車内のガラスが曇ることが多いので、側面ガラスを開けるなどして曇りを防ぐとよい。

解答と解説

問15 ◯

蒸発現象は、暗い道路で特に起こりやすく、道路の中央付近の歩行者や自転車が見えなくなることがありますので、十分注意します。

問16 ✕

夜間の走行では、視線はできるだけ先の方へ向け、少しでも早く前方の障害物を発見するようにします。

問17 ◯

昼間でもトンネルの中など50メートル先が見えないような場所を通行するときは、前照灯、車幅灯、尾灯などの灯火をつけなければなりません。

問18 ◯

夜間、見通しの悪い交差点やカーブなどの手前では、前照灯を上向きに切り替えるか点滅して、ほかの車や歩行者に交差点などへの接近を知らせます。

問19 ◯

夜間、一般道路に車を駐車するときに、道路の照明などにより50メートル後方からもはっきり見えるところでは、非常点滅表示灯や駐車灯または尾灯をつけなくてもかまいません。

問20 ◯

雨の日は視界が悪くなるうえ、窓ガラスが曇ったりするので、カーエアコンで曇りを防いだり、側面ガラスを開けるなどして曇りを防ぐようにします。

2-9 危険な場所などの運転

問21 □

雪道や凍り付いた道は大変すべりやすく危険なので、タイヤにタイヤチェーンなどのすべり止め装置を着けるなどして速度を落とし、車間距離を十分にとって運転する。

問22 □

雪道では、横すべりがおこりやすいので、急発進、急ブレーキ、急ハンドルは絶対にさけなければならない。

問23 □

雪道では、できるだけ車の通った跡《あと》を選んで走るのがよい。

問24 □

霧のときは、霧灯や前照灯を早めにつけ、危険防止のため必要に応じて警音器《けいおんき》を鳴らすのがよい。

問25 □

霧の中では、道路の中央線やガードレール、前の車の尾灯などを目安にし、速度を落として運転する。

問26 □

ぬかるみなどで車輪がから回りするときは、エンジンの回転数を上げ、一気に出るようにするとよい。

問27 □

四輪車で走行中にエンジンの回転数が上がったまま下がらなくなったときは、ギアをニュートラルにして安全な場所で停止してからエンジンスイッチを切る。

解答と解説

問21 ○

雪道ではタイヤにタイヤチェーンなどのすべり止め装置を着けるか、スノータイヤ、スタッドレスタイヤなど雪路用タイヤを着けたうえで、速度を十分落とし、車間距離を十分にとって運転しましょう。

問22 ○

雪道では、ハンドルやブレーキの操作は特に慎重にします。急発進、急ブレーキ、急ハンドルは絶対にやめます。

問23 ○

雪道では、できるだけ車の通った跡（わだち）を選んで走るようにします。

問24 ○

霧のときは、危険を防止するため、必要に応じ警音器を使います。

問25 ○

霧は視界を極めて狭くするので、速度を落として運転します。

問26 ×

ぬかるみなどで車輪がから回りするときは、古毛布、砂《じゃ》利《り》などをすべり止めに使うと効果的です。

問27 ○

四輪車では、ギアをニュートラルにして車輪にエンジンの力をかけないようにしながら、路肩など安全な場所で停止してから、エンジンスイッチを切るようにします。

2-9 危険な場所などの運転

問28 □

走行中にタイヤがパンクしたときは、ハンドルをしっかり握り、車の方向を直すことに全力を傾け、断続的にブレーキをかけて止めるのがよい。

問29 □

後輪が横すべりを始めたとき、もし、ブレーキペダルを踏んでいたらすぐにブレーキペダルから足を離し、ハンドルで車の方向を立て直すようにするのがよい。

問30 □

後輪が右に横すべりを始めたときは、ブレーキを使わず、まずアクセルをゆるめて、同時にハンドルを左に切るとよい。

問31 □

対向車と正面衝突のおそれが生じたときは、警《けい》音器《おんき》とブレーキを同時に使い、できる限り左側によけ、衝突《しょうとつ》の寸前まであきらめないで、少しでもブレーキとハンドルでかわすのがよい。

問32 □

対向車と正面衝突のおそれがあるときは、道路外に安全な場所があれば、道路外に出て衝突を避けたほうがよい。

解答と解説

問28 ○

走行中にタイヤがパンクしたときは、ハンドルをしっかりと握り、車の方向を直すことに全力を傾けます。急ブレーキをさけ、断続的にブレーキを踏んで止めます。

問29 ○

後輪が横すべりを始めたときは、アクセルをゆるめ、同時にハンドルで車の向きを立て直すようにします。

問30 ×

後輪が右にすべったときは、車は左に向くので、ハンドルを右に切ります。

問31 ○

対向車と正面衝突のおそれが生じたときは、警音器とブレーキを同時に使い、できる限り左側によけ、衝突《しょうとつ》の寸前まであきらめないで、少しでもブレーキとハンドルでかわすようにします。

問32 ○

対向車と正面衝突のおそれが生じたときは、もし道路外が危険な場所でないときは、道路外に出ることをためらってはいけません。

2-10 高速道路での走行

●次の問題で正しいものは「○」、誤っているものには「×」と答えなさい。

問1 □

原動機付自転車であっても、運転者がヘルメットをかぶっていれば高速道路を運転できる。

問2 □

高速道路を通行するときは、故障などにより停止したときに使用する停止表示器材を、前もって準備しておく必要がある。

問3 □

高速道路の本線車道とは、加速車線、減速《げんそく》車線、登坂車線、路側帯《ろそくたい》と路肩《ろかた》を除く、通常高速走行する部分をいう。

問4 □

総排気量《そうはいきりょう》660cc以下の普通自動車が中央分離帯のある高速自動車国道の本線車道を通行する場合に出すことができる法定最高速度は、80キロメートル毎時である。

問5 □

大型貨物自動車の高速自動車国道の本線車道における法定最高速度は100キロメートル毎時である。

問6 □

標識や標示で最高速度が指定されていない高速自動車国道の本線車道では、総排気量《そうはいきりょう》が125ccをこえる普通自動二輪車は80キロメートル毎時をこえる速度で走行してはならない。

解答と解説

問1 ×

二輪車のうち原動機付自転車や125cc以下の普通自動二輪車は、高速道路を通行することはできません。

問2 ○

高速道路上で故障などによって停止するときは、停止していることを表示する停止表示器材を置かなければならないので、前もって準備しておきます。

問3 ○

本線車道とは、高速道路で通常高速走行をする部分（加速車線、減速車線、登坂車線、路側帯、路肩を除いた部分）をいいます。

問4 ×

普通自動車（三輪のものを除く）の高速自動車国道の本線車道における法定最高速度は100キロメートル毎時です。

問5 ×

大型貨物自動車の高速自動車国道の本線車道における法定最高速度は90キロメートル毎時です。

問6 ×

普通自動二輪車の法定最高速度は100キロメートル毎時です。

問7 □ 大型乗用自動車、普通自動車（三輪のものを除く）、中型自動車の高速自動車国道での最高速度は100キロメートル毎時である。

問8 □ 高速自動車国道の本線車道が道路の構造上往復の方向別に分離されていない区間では、標識などにより最高速度が指定されていなければ最高速度は一般道路と同じである。

問9 □ 高速道路で路面が乾燥していてタイヤが新しい場合は、100キロメートル毎時では約100メートル、80キロメートル毎時では約80メートルの車間距離をとる必要がある。

問10 □ 標識などで特に最高速度が定められていない自動車専用道路における最高速度は一般道路と同じである。

問11 □ 三輪の普通自動車の高速自動車国道の本線車道での最高速度は、標識などで最高速度の指定がなければ100キロメートル毎時である。

問12 □ 高速自動車国道では、最低速度が定められているが、自動車専用道路では定められていない。

解答と解説

問7 ○

大型乗用自動車、中型自動車、準中型自動車、普通自動車（三輪のものを除く）、大型自動二輪車、普通自動二輪車の高速自動車国道での法定最高速度は100キロメートル毎時です。

問8 ○

本線車道が道路の構造上往復の方向別に分離されていない区間での法定最高速度は、一般道路（60キロメートル毎時）と同じです。

問9 ○

路面が乾燥していて、タイヤが新しい場合は、100キロメートル毎時での車間距離は約100メートル以上、80キロメートル毎時での車間距離は約80メートル以上をとる必要があります。

問10 ○

自動車専用道路における最高速度は、標識などで最高速度が定められていなければ一般道路と同じです。

問11 ×

高速自動車国道での三輪の普通自動車の最高速度は80キロメートル毎時、三輪以外の普通自動車の最高速度は100キロメートル毎時です。

問12 ○

高速自動車国道における法定最低速度は50キロメートル毎時と定められていますが、自動車専用道路では定められていません。

2-10 高速道路での走行

問13 □

高速道路の本線車道では、左側の白線をめやすに車両通行帯のやや左寄りを走ると、後続の車が追《お》い越《こ》す場合に十分な間隔がとれて安全である。

問14 □

風の強いときの走行は、ハンドルを取られやすいので注意が必要。特にトンネルの出口や切り通しなどでは、横風が強いので速度を落とし注意して通行する。

問15 □

高速道路の本線車道を走行中、減速《げんそく》しなければならない場合は、一段低いギアに落としエンジンブレーキを使うとともに、フットブレーキを数回に分けて使うのがよい。

問16 □

高速道路で緊急《きんきゅう》自動車が本線車道へ入ろうとしているときや、本線車道から出ようとしているときは、その通行を妨げてはならない。

問17 □

高速道路では駐停車《ちゅうていしゃ》することはできないが、危険防止のためやむを得ない場合は停止することができる。

問18 □

高速道路でやむを得ず駐停車《ちゅうていしゃ》する場合は、他の車の通行の妨げにならないように、十分な幅のある路肩《ろかた》や路側帯《ろそくたい》に駐停車しなければならない。

解答と解説

問13
〇

走行中は、左側の白線をめやすにして車両通行帯のやや左寄りを通行するようにします。

問14
〇

強風のときはハンドルを取られやすいので、ハンドルをしっかり握り、速度を落とし注意して走行しましょう。特にトンネルの出口や切り通しなどでは、横風が強いので、注意しましょう。

問15
〇

ブレーキをかけるときは、一段低いギアに落としエンジンブレーキを使うとともに、フットブレーキを数回に分けて踏むようにします。

問16
〇

緊急自動車が本線車道へ入ろうとしているときや本線車道から出ようとしているときは、その通行を妨げてはいけません。

問17
〇

高速道路でも危険防止などのため一時停止することは禁止されていません。

問18
〇

故障などのため十分な幅のある路肩や路側帯に、やむを得ず駐停車することは禁止されていません。

2-11 二輪車の運転方法

●次の問題で正しいものは「○」、誤っているものには「×」と答えなさい。

問1 □

二輪車は体で安定を保ちながら走り、停止すれば安定を失うという構造上の特性を持っており、四輪車とは違った運転技術が必要である。

問2 □

二輪車を選ぶときはまたがってみて、片足が地面につき車体が支えられるかどうか、8の字型に押して歩くことが完全にできるかどうかを確かめておくことが大切である。

問3 □

夜間、二輪車に乗るときは、反射性の衣服または反射材のついた乗車用ヘルメットを着用するとよい。

問4 □

二輪車に乗るときは、転倒することも考えて体の露出がなるべく少なくなるような服装をしたほうがよい。

問5 □

二輪免許を取得して1年未満の運転者は、二人乗りしてはならない。

問6 □

大型二輪免許を受けて1年を経過していなくても、普通二輪免許を受け1年以上経過していれば、一般道路で二人乗りをすることができる。

解答と解説

問1 ○

二輪車は手軽な乗り物であると気を許さないで、常に慎重に運転します。

問2 ×

二輪車にまたがったとき、両足のつま先が地面に届くものを選びます。

問3 ○

夜間は、反射性の衣服または反射材のついた乗車用ヘルメットを着用するようにします。

問4 ○

二輪車に乗るときは、体の露出がなるべく少なくなるような服装をします。

問5 ○

二輪免許を取得して１年を経過していない者が運転するときは、二人乗りをすることはできません。

問6 ○

大型二輪免許を受けて１年を経過していなくても、普通二輪免許を受けて１年を経過していれば、一般道路で二人乗りをすることができます。

2-11 二輪車の運転方法

問7 □

二輪車の点検は、ブレーキのあそびやききは十分か、ハンドルは重くないか、車輪にガタやゆがみはないか、ワイヤーなど引っかかっていないかどうかなどを点検しなければならない。

問8 □

二輪車の正しい乗車姿勢は、ステップに土踏まずをのせ、足の裏が水平になるようにし、足先を前に向け、タンクを両ひざでしめるのがよい。

問9 □

二輪車は機動性に富んでおり、小回りがきくので、交通渋滞《じゅうたい》のときは、車の間をぬって走ったり、路側帯《ろそくたい》を走れるという利点がある。

問10 □

二輪車を運転してカーブを通行するときは、カーブの途中ではスロットルで速度を加減《かげん》することが大切である。

問11 □

二輪車でカーブを通行するときは、車体を傾けると自然に曲がるので、手前の直線部分であらかじめ速度を落とさなくてもよい。

問12 □

二輪車はぬかるみや砂利道《じゃりみち》などでは、ブレーキをかけないようにスロットルで速度を一定に保ち、バランスをとりながら通過するのがよい。

問13 □

原動機付自転車を運転していて、道路の左側部分に車両通行帯が3つ設けられている交通整理が行われている交差点で二段階右折をした。

解答と解説

問7 ○

二輪車の点検では、ブレーキ、車輪、タイヤ、チェーン、ハンドル、灯火、バックミラー、マフラーなどを見ます。

問8 ○

ステップに土踏まずをのせて、足の裏がほぼ水平になるようにし、足先がまっすぐ前方に向くようにして、タンクを両ひざでしめるようにします。

問9 ×

二輪車は機動性に富んでいますが、車の間をぬって走ったり、ジグザグ運転や無理な追《おい》越《こ》し、割り込みをしたりしてはいけません。

問10 ○

二輪車でカーブを通行するときは、カーブの途中ではスロットルで速度を加減します。

問11 ×

二輪車でカーブを曲がるときは、カーブの手前の直線部分で、あらかじめ十分速度を落とし、車体を傾けることによって自然に曲がるような要領で行います。

問12 ○

ぬかるみや砂利道などでは、ブレーキをかけたり、急に加速したり、大きなハンドル操《そう》作《さ》をしたりしないようにします。

問13 ○

原動機付自転車で３車線以上ある交通整理が行なわれている交差点で右折するときには、小回り右折の標識がなければ二段階右折をしなければなりません。

2-11 二輪車の運転方法

問14 □ 左側に2通行帯のある道路の交差点で原動機付自転車が右折するとき、標識による右折方法の指定がなければ、小回り右折の方法をとる。

問15 □ 二輪車を運転中にブレーキをかけるときは、エンジンブレーキをきかせながら、前後輪のブレーキを同時に使用するとよい。

問16 □ エンジンブレーキはスロットルを戻したり、シフトダウン（低速ギアに入れること）をさせる方法がある。

問17 □ 二輪車でエンジンブレーキをかけるとき、ギアをいきなり高速ギアからローギアに入れると、エンジンをいためたり、転倒したりするおそれがあるので、順序よくシフトダウンをする。

問18 □ 変形ハンドルの二輪車を運転することは、運転の妨げとなり危険である。

問19 □ 二輪車のマフラーを取りはずしたり、切断したり、マフラーの芯を抜いたりすると騒音が大きくなるので、このような改造をしてはならない。

問20 □ 二輪車のエンジンを切って押して歩くときは歩行者として扱われるが、側車付きのものを押しているときは歩行者として扱われない。

解答と解説

問14 ◯

標識による右折方法の指定がないときには、左側３通行帯以上の道路の交通整理が行なわれている交差点では二段階右折し、左側２通行帯以下の道路の交差点では、小回り右折をします。

問15 ◯

ブレーキをかけるときは、エンジンブレーキをきかせながら、前後輪のブレーキを同時にかけます。

問16 ◯

エンジンブレーキはスロットルを戻すことによりきかせるものと、シフトダウンによりきかせるものがあります。

問17 ◯

エンジンブレーキをかけるとき、ギアをいきなり高速からローに入れるとエンジンをいためたり、転倒したりするおそれがあるので、順序よくシフトダウンします。

問18 ◯

変形ハンドルは運転の妨げとなるので、このような改造をしてはいけません。

問19 ◯

マフラーを取りはずしたり、切断したり、マフラーの芯を抜いたり、マフラーに穴を開けたりすると騒音が大きくなるので、このような改造をしてはいけません。

問20 ◯

二輪車を押して歩くときは、歩行者として扱われます。しかし、エンジンがかかっていたり、他の車をけん引していたり、側車付きのものを押しているときは、別です。

2-12 事故・故障・災害などのとき

●次の問題で正しいものは「○」、誤っているものには「×」と答えなさい。

問1 □

交通事故を起こしたときは、事故状況を残しておかなければならないので、他の交通の妨げになっていても警察官が現場に到着するまでは、車を移動してはならない。

問2 □

交通事故が起きたときは、直ちに運転を中止して、他の交通の妨げにならない場所に車を移動させ、負傷者がいればその救護《きゅうご》を行なう。

問3 □

交通事故の責任は運転者だけが負うべきであるから、車の管理が悪く、勝手に持ち出されて起きた事故であっても、車の持ち主には何の責任もない。

問4 □

やむを得ず一般の車で故障車をロープでけん引するときは、故障車との間に安全な間隔を保ちながら丈夫なロープなどで確実につなぎ、ロープに白い布を付ける。

問5 □

車を運転中に地震災害に関する警戒宣言が発せられたときは、車を置いて避難する場合、できるだけ道路外の場所に移動しておかなければならない。

解答と解説

問1 ×

事故の続発を防ぐため、他の交通の妨げにならないような安全な場所（路《ろ》肩《かた》、空地など）に車を止め、エンジンを切ります。

問2 ○

負傷者がいる場合は、医師、救急車などが到着するまでの間、ガーゼや清潔なハンカチなどで止血するなど、可能な応急処置を行います。

問3 ×

車の所有者などは、車を勝手に持ち出されないように、車のカギの保管に注意しなければ、事故の責任を負わされることがあります。

問4 ○

やむを得ず一般車両でけん引するときは、けん引する車と故障車の間に安全な間隔（５メートル以内）を保ちながら丈夫なロープなどで確実につなぎ、ロープに白い布（30センチメートル平方以上）を付けなければなりません。

問5 ○

車を置いて避難するときは、できるだけ道路外の場所に移動しておかなければなりません。

2-12 事故・故障・災害などのとき

問6 □

自動車を運転中、大地震が発生した場合は、急ハンドル・急ブレーキをさけるなど、できるだけ安全な方法で道路の左側に停止させることが必要である。

問7 □

大地震が発生し、やむを得ず自動車を道路上に置いて避難するときは、エンジンを止め、エンジンキーを抜き取り、窓を閉め、ドアはロックしなければならない。

問8 □

災害対策基本法による通行禁止区域等においては、警察官がいないときに自衛官や消防吏員が車の移動等、必要な命令を行うことができる。

問9 □

大地震が発生して避難するときは、なるべく車を使用したほうがよい。

問10 □

災害などでやむを得ず道路に駐車して避難する場合は、避難する人の通行や、応急対策の実施を妨げるような場所に駐車してはならない。

解答と解説

問6 ○

車を運転中に大地震が発生したときは、急ハンドル、急ブレーキをさけるなど、できるだけ安全な方法により道路の左側に停止させます。

問7 ×

車をやむを得ず道路上に置いて避難するときは、道路の左側に寄せて駐車《ちゅうしゃ》し、エンジンを止め、エンジンキーは付けたままとし、窓を閉め、ドアはロックしてはいけません。

問8 ○

災害対策基本法による通行禁止区域等においては、警察官がその場にいない場合に限り、災害派遣に従事する自衛官や消防吏員が必要な命令を行うことがあります。

問9 ×

大地震が発生したときは、避難のために車を使用してはいけません（津波から避難するためにやむを得ないときは除く）。

問10 ○

道路に車を駐車して避難するときは、避難する人の通行や災害応急対策の実施の妨げとなるような場所には駐車しないようにします。

重要問題 得点力UP おさらいチェック

学科試験は国家公安委員会が作成した「交通に関する教則」からまんべんなく出題されます。PART2に掲載されているのは基本となる問題で、実際の学科試験問題の中でかなりの割合で出題されたものばかりです。これらをマスターすれば交通ルールの理解も早まりますし、逆にこの基本がわからなければ合格することが難しくなります。

！チェックポイント

- □ 問題文は最後までしっかり読んでから解答する。問題のはじめの部分だけを読んで早合点すると、問題の最後で意味がまったく逆になっていたりすることがある。
- □ 数字を正確に覚える（駐車禁止、駐停車禁止の場所、追越し禁止の場所、合図の時期、徐行や一時停止の場所など）。
- □ 標識や標示の意味や目的を理解する。
- □ 駐車と停車の違い、追抜きと追越しの違いなど定義の違いを理解する。

PART3
ミスを防ぐ ひっかけ問題

① 信号・標識・標示の意味
② 運転する前の心得
③ 運転の方法
④ 歩行者の保護
⑤ 安全な速度
⑥ 追越しなど
⑦ 交差点の通り方
⑧ 駐車と停車
⑨ 危険な場所などの運転
⑩ 高速道路での走行
⑪ 二輪車の運転方法
⑫ 事故・故障・災害などのとき

赤シートで「解答と解説」をかくせば、答え合わせが簡単！効果的に知識が身につきます。

3-1 信号・標識・標示の意味

●次の問題で正しいものは「○」、誤っているものには「×」と答えなさい。

問1

正面の信号が青色のときは、すべての車が直接右折することができる。

問2

片側2車線の交差点で信号が赤色の灯火《とうか》と右折の青色の矢印を表示しているときには、普通自動車は直接右折することができるが、原動機付自転車は直接右折することができない。

問3

信号が赤の灯火《とうか》と左折の青色の矢印を表示している交差点では、自動車や原動機付自転車は矢印の方向に進むことができるが、軽車両は進むことができない。

問4

赤色の灯火の点滅《てんめつ》信号では、車は停止位置で一時停止し、安全確認した後、徐行して進むことができる。

問5

信号機のある交差点を自動車で右折するときは、前方の信号が青色の場合には、横の信号が赤色であっても、対向車の進行を妨げなければ右折してもよい。

問6

図1の信号機の信号に対面する小型特殊自動車は、矢印の方向に進むことができる。

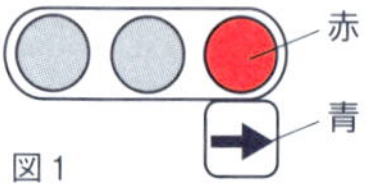

図1

解答と解説

問1 ×

正面の信号が青色のときには、自動車は直接右折することができますが、原動機付自転車は標識などによる指定がある場合や左側の車両通行帯が３車線以上ある交差点では２段階右折をします。軽車両も２段階右折です。

問2 ×

原動機付自転車は片側３車線以上の交通整理が行なわれている交差点と二段階右折の標識のある交差点では直接右折することができませんが、片側２車線以下の交差点と小回り右折の標識のある交差点では、直接右折することができます。

問3 ×

赤の灯火と左折の青色の矢印を表示している交差点では、軽車両も矢印の方向に進むことができます。

問4 ×

赤色の灯火の点滅信号では、車は停止位置で一時停止し、安全確認をした後に進むことができます。徐行の必要はありません。

問5 ○

自動車で右折する場合に前方の信号が青であれば右折することができますが、この場合、歩行者にも注意しなければなりません。

問6 ○

軽車両や二段階の右折方法により右折する原動機付自転車を除いて、矢印の方向に進むことができます。

3-1 信号・標識・標示の意味

問7 □

信号機が黄色の灯火《とうか》の信号に対面する自動車は、停止線で安全に停止することができる場合であっても、他の交通に注意して徐行すれば交差点に進入してもよい。

問8 □

交差点で右折しようとする自動車が、信号機が赤色の灯火《とうか》と直進・左折の矢印を表示している信号に対面したときは、徐行《じょこう》して交差点の中心まで進み、右折の矢印信号に変わるまで待つ。

問9 □

信号機が黄色の灯火《とうか》の点滅《てんめつ》をしている信号に対面した車は、一時停止をして安全を確認すれば、徐行して進むことができる。

問10 □

図２の信号機の信号に対面した原動機付自転車は、小回り右折の標識のある交差点を二段階右折の方法で右折した。

図2

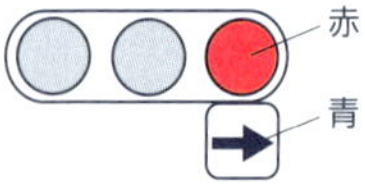

問11 □

二輪車のエンジンをかけずに押して歩いているときは、歩行者用の信号に従って通行しなければならない（側車付を除く）。

問12 □

警察官や交通巡視員が信号機の信号と異なった手信号をしているときは、警察官や交通巡視員の手信号が優先する。

解答と解説

問7 ×

停止線の手前で安全に停止することができない場合以外は、停止線の直前で停止しなければなりません。

問8 ×

赤色の灯火と直進・左折の矢印を表示している交差点で右折しようとする自動車は、停止線の直前で停止しなければなりません。

問9 ×

黄色の灯火の点滅信号のときは、歩行者や車、路面電車は他の交通に注意して進むことができます。必ずしも一時停止や徐行の規定はありません。

問10 ×

小回り右折の標識のある交差点では、原動機付自転車は小回り右折をしなければなりません。

問11 ○

二輪車のエンジンをかけずに押して歩いているときは、歩行者として扱われるので、歩行者用信号に従って通行します。

問12 ○

信号機の信号が警察官や交通巡視員の手信号と異なっているときは、警察官等の手信号が優先します。

3-1 信号・標識・標示の意味

問13 □

警察官が腕を垂直《すいちょく》に上げたとき、警察官の身体に対面する交通については、信号機の黄色の信号と同じ意味である。

問14 □

図３の矢印の交通に対する警察官の手信号の意味は、信号機の赤信号と同じ意味である。

図３

問15 □

図４の矢印の交通に対する警察官の灯火《とうか》による信号の意味は、信号機の赤信号と同じ意味である。

図４

問16 □

警察官が交差点以外の横断歩道などのないところで赤色の信号と同じ意味の手信号をしているときは、その警察官の手前１メートルのところで停止する。

問17 □

警察官が交差点以外の横断歩道などの場所で手信号をしているときの停止位置は、横断歩道などの直前である。

問18 □

本標識には、規制標識、指示標識、警戒標識、案内標識の４種類がある。

解答と解説

問13 ×

警察官が腕を垂直に上げたとき、警察官の身体に対面する交通については、信号機の赤色の信号と同じ意味です。

問14 ×

腕を横に水平に上げている警察官などと平行する交通については、青信号と同じ意味です。

問15 ×

灯火《とうか》を頭上に上げている警察官などと平行する交通については、信号機の黄信号と同じ意味です。

問16 ○

警察官などが交差点以外で、横断歩道も自転車横断帯も踏切もないところで手信号や灯火《とうか》により赤色の信号と同じ意味の信号をしているときの停止位置は、警察官等の１メートル手前です。

問17 ○

交差点以外の横断歩道や自転車横断帯、踏切などがあるところで警察官が手信号や灯火《とうか》による信号をしているときの停止位置は、それらの場所の直前です。

問18 ○

標識には４種類の本標識と補助標識があります。

3-1 信号・標識・標示の意味

問19 □

規制標識とは、道路上の危険や注意すべき状況などを前もって道路利用者に知らせて注意を促すものである。

問20 □

右の標識はロータリーありの規制標識である。

図5

問21 □

図6の標識のある道路では、普通自動車と原動機付自転車のみが通行できないことを表している。

図6

問22 □

図7の標識のある交差点では直進することはできない。

図7

問23 □

図8の標識のある道路を通行しているときは、見通しのきかない交差点を通行するときでも徐《じょ》行《こう》しなくてもよい。

図8

問24 □

図9の標識は、大型乗用自動車は通行できるが、大型貨物自動車や大型特殊自動車などの通行を禁止することを意味する。

図9

解答と解説

問19 ×

規制標識とは、特定の交通方法を禁止したり、特定の方法に従って通行するよう指定したりするものです。左の問題の記述は警戒標識です。

問20 ×

環状の交差点における右回り通行の規制標識である。

問21 ×

問題の標識は普通自動車だけではなく、自動二輪車を含むすべての自動車と原動機付自転車の通行ができないことを表示しています。

問22 ○

問題の標識は「指定方向外進行禁止」であり、右左折はできますが、直進はできません。

問23 ○

問題の標識は「優先道路」であり、見通しのきかない交差点でも徐行の必要はありません。

問24 ○

問題の標識は「大型貨物自動車等通行止め」であり、大型貨物自動車や大型特殊自動車、特定中型貨物自動車は通行できません。

3-1 信号・標識・標示の意味

問25 □

図10の標識のある道路では、積み荷の重さが5.5トンをこえる車の通行ができないことを意味している。

図10

問26 □

図11の標識のある道路では、原動機付自転車は50キロメートル毎時の速度まで出すことができる。

図11

問27 □

図12の標識の意味は、片側３車線以上の交通整理が行なわれている交差点で、原動機付自転車は二段階の右折方法により右折をしなければならないことを表している。

図12

問28 □

図13の標識は、乗車定員11人以上の大型乗用自動車等の通行止めを表している。

図13

問29 □

図14の標識のある道路は、普通自動車以外の自動車は通行できないことを表している。

図14

問30 □

図15の標識のある道路では、二輪の自動車は通行できないが、原動機付自転車は通行できる。

図15

解答と解説

問25 ×

問題の標識は「重量制限《じゅうりょうせいげん》」であり、車両総重量《そうじゅうりょう》が5.5トンをこえる車の通行ができないことを意味しています。

問26 ×

問題の標識は「最高速度50キロメートル毎時」であり、自動車は50キロメートル毎時の速度まで出すことができますが、原動機付自転車の法定最高速度は30キロメートル毎時です。

問27 ×

問題の標識は「一般原動機付自転車の右折方法(小回り)」なので、この標識のある交差点では原動機付自転車は自動車と同じ右折方法で右折できます。

問28 ○

問題の標識は「大型乗用自動車等通行止め」なので、乗車定員 11 人以上の大型乗用自動車や中型乗用自動車は通行できません。

問29 ×

問題の標識は「自動車専用」なので、ミニカー、総排気《そうはいき》量《りょう》125cc以下の普通自動二輪車、原動機付自転車は通行できません。

問30 ×

問題の標識は「二輪の自動車・一般原動機付自転車通行止め」なので、原動機付自転車も通行できません。

問31 □

図16の標識のある場所では、道路の中央から右側部分にはみ出さなければ前の車を追《お》い越《こ》すことができる。

図16

問32 □

図17の標識のある道路では、追《おい》越《こ》しのためであっても道路の中央から右側部分にはみ出して通行してはならない。

図17

問33 □

図18の標識は、自動車の横断が禁止されているのであって、原動機付自転車は除かれる。

図18

問34 □

図19の標識のある交差点で停止線がないときは、標識の直前で停止しなければならない。

図19

問35 □

図20の標識は、自動車のほかに自動二輪車や原動機付自転車も通行することができないことを表している。

図20

問36 □

図21の標識は、原動機付自転車および軽車両を除く、車の通行禁止を表している。

図21

解答と解説

問31 ×

問題の標識は「追越し禁止」なので、道路の中央から右側部分にはみ出さなくても、追越《おいこ》しをすることはできません。

問32 ○

問題の標識は「追越しのための右側部分はみ出し通行禁止」であり、追越しのために道路の中央から右側部分にはみ出して通行することはできません。

問33 ×

問題の標識は「車両横断禁止」なので、右折をともなう横断は原動機付自転車も禁止されています。

問34 ×

問題の標識は「一時停止」なので、停止線の直前か、停止線のないときには交差点の直前で一時停止をするとともに、交差する道路を通行する車や路面電車の進行を妨げてはいけません。

問35 ×

問題の標識は「二輪の自動車以外の自動車通行止め」を表示していますので、自動二輪車や原動機付自転車は通行できます。

問36 ×

問題の標識は「車両通行止め」なので、車（自動車、原動機付自転車、軽車両）は通行することはできません。

3-1 信号・標識・標示の意味

問37 □

普通自動車は右左折する場合や工事などでやむを得ない場合を除いて、図22の標識のある車両通行帯を通行してはならない。

図22

問38 □

図23の標識がある区間内で見通しのきかない交差点、曲がり角、上り坂の頂上を通るときには、警音器《けいおんき》を鳴らさなければならない。

図23

問39 □

交差する道路が図24の標識のある道路のときには、徐行《じょこう》するとともに、交差する道路を通行する車の進行を妨げてはいけない。

図24

問40 □

図25の標識は、自動二輪車（原動機付自転車を含む）の通行を禁止している。

図25

問41 □

図26の標識のあるところで軌道《きどう》敷《しき》内を通行する自動車は、後方から路面電車が近づいてきても軌道敷外に出る規定はない。

図26

問42 □

図27の標識は、原動機付自転車のエンジンを止めて押して歩く者の通行は禁止していない。

図27

解答と解説

問37 ✕

問題の標識は「路線バス等優先通行帯」なので、路線バスなど以外の自動車は交通が混雑していて、バスが接近してきたときに、この通行帯から出られなくなるおそれがなければ通行できます。

問38 ○

問題の標識は「警笛《けいてき》区間《くかん》」なので、区間内で見通しのきかない交差点、曲がり角、上り坂の頂上を通るときには、警音器を鳴らさなければなりません。

問39 ○

交差する道路が「優先道路」なので、徐行するとともに、交差する道路を通行する車や路面電車の進行を妨げてはいけません。

問40 ✕

問題の標識は「大型自動二輪車および普通自動二輪車二人乗り通行禁止」を表示しています。

問41 ✕

後方から路面電車が近づいてきたときは、路面電車の進行を妨げないように速やかに軌道敷外に出るか、十分な距離を保ちます。

問42 ✕

問題の標識は「通行止め」なので、歩行者や車、路面電車のすべてが通行できません。

問43 □

図28の標識のある車両通行帯では、原動機付自転車は通行してはならない。

図28

問44 □

図29の標示板のある交差点では、車は前方の信号が赤色や黄色であっても、信号に従って横断している歩行者や自転車の通行に関係なく左折してよい。

図29

問45 □

図30の標識のある交差点を右折する原動機付自転車は交差点の向こう側までまっすぐ進み、その地点で止まるまでの間は、右折の合図を行ってはならない。

図30

問46 □

図31の標識のある場所では、対向車が少ないときでも警音器《けいおんき》は鳴らさなければならない。

図31

問47 □

「指定方向外進行禁止」の標識のある交差点で指定方向外の方向に進行する場合には、一時停止し、安全を確認しなければならない。

問48 □

図32の標識は、この先の道路が「すべりやすい」ことを表している。

図32

解答と解説

問43 ×

問題の標識は「専用通行帯」なので、指定された車のほか、小型特殊自動車、原動機付自転車、軽車両は通行できます。

問44 ×

「信号に関わらず左折可能であることを示す標示板」のある交差点では、車は信号が赤色や黄色であっても左折することができますが、この場合、信号に従って横断している歩行者などの通行を妨げてはいけません。

問45 ×

問題の標識は「一般原動機付自転車の右折方法（二段階）」なので、交差点の手前の側端《そくたん》から30メートル手前の地点に達したときに、右折の合図を行います。

問46 ○

問題の標識は「警笛《けいてき》鳴らせ」なので、対向車が少なくてもまた、見えなくても（いなくても）警音器は鳴らさなければいけません。

問47 ×

「指定方向外進行禁止」の標識のある交差点では、表示されている指定方向以外の方向に進行することはできません。

問48 ×

問題の標識は「右（左）つづら折あり」なので、速度を落として通行します。

3-1 信号・標識・標示の意味

問49 □

図33の標示のある道路は、前方の交差道路に対して優先道路であることを表している。

図33

問50 □

図34の標示は、前方に踏切があることを表している。

図34

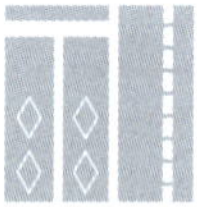

問51 □

図35の標示のある路側帯《ろそくたい》では、駐車《ちゅうしゃ》や停車《ていしゃ》はできないが、車の通行はしてもよい。

図35

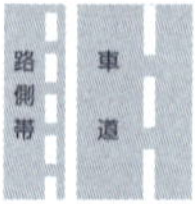

問52 □

図36の標示は原動機付自転車に対してのものなので、普通自動車の運転者は従う必要はない。

図36

問53 □

図37の標示のある路側帯《ろそくたい》は軽車両などの通行も禁止されており、自動車も路側帯部分に入って駐《ちゅう》停車《ていしゃ》することができない。

図37

問54 □

図38の標示がある道路では、必ず中央線から右側部分にはみ出して通行しなければならない。

図38

解答と解説

問49 ×

問題の標示は「前方優先道路」なので、この標示がある道路と交差する前方の道路が優先道路であることを示しています。

問50 ×

問題の標示は前方に「横断歩道または自転車横断帯あり」を表示しています。

問51 ×

問題の標示は「駐停車禁止路側帯」なので、車の駐停車および通行（軽車両は除く）も禁止されています。

問52 ×

問題の標示は「最高速度30キロメートル毎時」であり、自動車も従わなければなりません。

問53 ○

問題の標示は「歩行者用路側帯」であり、車の駐停車や軽車両の通行も禁止されています。

問54 ×

問題の標示は「右側通行」ですが、道路の中央から右側部分にできるだけはみ出さないようにし、はみ出す場合でもできるだけ少なくします。

3-2 運転する前の心得

●次の問題で正しいものは「○」、誤っているものには「×」と答えなさい。

問1 □
車とは、自動車と原動機付自転車、路面電車のことをいう。

問2 □
普通免許では最大積載量《せきさいりょう》が3トンの貨物自動車を運転することができる。

問3 □
二輪車は、自賠責保険か責任共済保険が切れていても任意保険に加入していれば、運転することができる。

問4 □
自動車損害賠償《そんがいばいしょう》責任保険証明書（強制保険）は、交通事故を起こしたときに必要なので、自宅に保管しておく。

問5 □
普通自動車は強制保険はもちろん、任意保険にも加入していなければ運転してはならない。

問6 □
普通免許を受けてから初心運転期間中に違反点数が基準に達して、再試験に合格しなかった人や再試験を受けなかった人は免許停止となる。

問7 □
免許を受けている者が、他の都道府県に住所を変更したときは、変更前の住所地の公安委員会に届け出なければならない。

解答と解説

問1 ×

車とは、自動車、原動機付自転車、軽車両のことをいいます。

問2 ×

普通免許で運転することができるのは最大積載量が2トン未満の車なので、設問の車を運転するには、大型免許か中型免許あるいは準中型免許が必要です。

問3 ×

任意保険に加入していても、自賠責保険か責任共済保険に加入していなければ、運転することはできません。

問4 ×

自動車損害賠償責任保険証明書または責任共済証明書は車に備えておかなければなりません。

問5 ×

強制保険のみでも運転できますが、万一の場合を考え、任意保険にも加入したほうがよいでしょう。

問6 ×

初心運転期間中に違反点数が基準に達して、再試験に合格しなかった人や再試験を受けなかった人は、免許取り消しとなります。

問7 ×

免許を受けている者が、他の都道府県に住所を変更したときは、速やかに新住所地の公安委員会に届け出なければなりません。

3-2 運転する前の心得

問8 □
普通免許停止処分の期間中に原動機付自転車を運転しても、無免許運転にはならない。

問9 □
長距離運転するときは、あらかじめ計画を立ててしまうと、計画にとらわれがちになるので、計画は立てずその場に応じて運転するとよい。

問10 □
運転免許証を自宅に忘れて運転をした場合には、無免許運転になる。

問11 □
普通免許では、普通自動車のほか、普通自動二輪車と原動機付自転車を運転することができる。

問12 □
ＡＴ車限定の普通免許では、オートマチックの普通自動車だけが運転でき、小型特殊自動車と原動機付自転車は運転することができない。

問13 □
運転免許は第一種運転免許、第二種運転免許、原付免許の３種類に区分される。

問14 □
自家用の大型バスを運転するときは、大型第二種免許が必要である。

解答と解説

問8 ×

免許停止処分中に自動車や原動機付自転車を運転すれば、無免許運転になります。

問9 ×

長距離運転のときはもちろん、短区間を運転するときにも、自分の運転技能と車の性能に合った運転計画を立てることが必要です。

問10 ×

運転免許証を所持しないで運転すると、免許証不携帯になります。

問11 ×

普通免許では、普通自動車のほか、小型特殊自動車と原動機付自転車を運転することができます。

問12 ×

ＡＴ車限定の普通免許では、オートマチックの普通自動車と小型特殊自動車、原動機付自転車も運転することができます。

問13 ×

運転免許には第一種運転免許、第二種運転免許、仮運転免許の３種類があります。

問14 ×

自家用の大型バスを運転するには、大型第一種免許を受けていれば運転することができます。

3-2 運転する前の心得

問15 □

大型特殊免許では、大型特殊自動車のほか普通自動車、原動機付自転車、小型特殊自動車を運転することができる。

問16 □

仮運転免許での練習を指導する場合、練習する車種の第二種運転免許を持っていれば経験や年齢に関係なく同乗指導することができる。

問17 □

大型二輪免許を受けている者は、ミニカーを運転することができる。

問18 □

大型特殊免許を受けようとする者は、普通免許の経験が３年以上必要である。

問19 □

普通免許試験に合格すれば、免許証を交付される前に普通自動車を運転しても、免許証不携帯であって、無免許運転にはならない。

問20 □

車両総重量《そうじゅうりょう》が850キログラムの故障車をけん引するときは、けん引免許が必要である。

問21 □

ブレーキペダルの点検で、ペダルをいっぱいに踏み込んだときにペダルと床板とのすき間があってはならない。

解答と解説

問15 ×

大型特殊免許では、大型特殊自動車のほか原動機付自転車、小型特殊自動車を運転することができます。

問16 ○

仮運転免許での練習を指導できるのは、練習する車種の車を運転することができる第一種免許を３年以上受けている者や第二種免許を受けている者です。

問17 ×

ミニカーを運転するためには、普通免許や中型免許、大型免許のいずれかが必要です。

問18 ×

大型特殊免許を受ける場合には、普通免許の経験は必要ありません。

問19 ×

免許証の交付前に自動車や原動機付自転車を運転すると無免許運転になります。

問20 ×

車両総重量が850キログラムの車であっても故障車をけん引するときは、けん引免許は必要ありません。

問21 ×

ブレーキペダルをいっぱいに踏み込んだときに、ペダルと床板との間に適当なすき間がないと、ブレーキがきかなくなることがあります。

3-2 運転する前の心得

問22 □
ワイパーが動かなくても、雨が降っていなければ運転してもよい。

問23 □
自家用の普通乗用自動車については、２年ごとに定期点検を受けなければならない。

問24 □
自動車（四輪車）の駐車ブレーキは、いっぱいに引いた（踏んだ）とき、引きしろ（踏みしろ）が少ないほどよい。

問25 □
ブレーキペダルをいっぱいに踏んだとき、床板とのすき間（踏み残りしろ）が少ないときや、踏みごたえの柔らかい場合は、ブレーキ液の液《えき》漏《も》れが考えられる。

問26 □
ブレーキの調子やききが悪いときには、とくに注意して運転しなければならない。

問27 □
走行中、オーバーヒートしたときは、直ちに車を止めて、ラジエータキャップを開き、水を補給したほうがよい。

問28 □
タイヤの空気圧は、ウェア・インジケータ（スリップ・サイン）などにより点検するのがよい。

解答と解説

問22 ×

運転を始めるときに雨が降っていなくても、運転中に雨が降ってくると危険なので、修理してから運転します。

問23 ×

自家用の普通乗用自動車については、1年ごとに定期点検を受けなければなりません。

問24 ×

駐車ブレーキは、レバーをいっぱいに引いた（踏んだ）とき、引きしろ（踏みしろ）が多過ぎたり、少な過ぎたりしないかを点検します。

問25 ○

ペダルをいっぱいに踏み込んだとき、床板とのすき間が少なくなっているときや、踏みごたえの柔らかく感じるときは、ブレーキ液の液漏れ、空気の混入によるブレーキのきき不良のおそれがあります。

問26 ×

ブレーキの調子やききが悪いときには運転をしてはいけません。

問27 ×

ラジエータキャップをいきなり開くと蒸気が吹き出してやけどをする危険があるので、スロー回転でエンジンを冷やしてから処置します。

問28 ×

タイヤの空気圧はタイヤの接地部のたわみの状態により点検します。

3-2 運転する前の心得

問29 □ タイヤの空気圧が低過ぎると、燃料の消費が多くなり、スタンディングウェーブ現象（波打ち現象）も発生しやすくなる。

問30 □ エンジンの回転中、オイル・ウォーニング・ランプ（油圧警告灯）が消えているときは、エンジンオイルの循環状態は良好である。

問31 □ 自動車の前方ガラス中央に貼ってあるステッカーの数字は、自賠責保険の有効期間の終わりを示している。

問32 □ 自家用の普通乗用自動車は、定期点検を受けていれば日常点検を行わなくてもよい。

問33 □ 自動車の運転者は運行する前に必ず１回は日常点検を行わなければならない。

問34 □ トラックの荷台に荷物を積んで運ぶときに見張りのため荷台に人を乗せるときには、出発地の警察署長の許可を受けなければならない。

問35 □ 乗車定員５人の普通乗用自動車には運転者のほかに、12歳未満のこどもを６人まで乗せることができる。

解答と解説

問29 ○

タイヤの空気圧が低過ぎると、スタンディングウェーブ現象によりタイヤが破裂することがあります。

問30 ○

エンジンの回転中にオイル・ウォーニング・ランプが点灯する場合には修理工場で調べてもらう必要があります。

問31 ×

前面ガラスに貼られた検査標章の色と数字は、次の検査（車検）の時期（年月）を示しています。

問32 ×

自家用の普通乗用自動車は定期点検を受けていても日常点検を行います。

問33 ×

タクシーなどの事業用の自動車や自家用の大型・中型自動車、普通貨物自動車（660cc 以下は除く）は運行前点検を行わなければなりませんが、普通乗用自動車などは走行距離や運行時の状況などから判断して行います。

問34 ×

トラックの荷台の荷物の見張りのために、必要最小限度の人を乗せるときには、許可は必要ありません。

問35 ○

12歳未満のこどもは大人２人に対して３人として計算できるので、大人４人が乗れるのであれば、12歳未満のこどもを６人まで乗せることができます。

3-2 運転する前の心得

問36 □

原動機付自転車の乗車定員は１人であるが、小児用の座席をつければ二人乗りができる。

問37 □

普通貨物自動車に荷物を積むときは、荷台の後ろに荷台の長さの10分の１まではみ出して荷物を積むことができる。

問38 □

乗車定員は運転者を含まないで数え、12歳未満のこどもを乗せる場合は、こども２人を大人１人として計算する。

問39 □

荷台のある原動機付自転車には、60キログラムまでの重さの荷物を積むことができる。

問40 □

車の積載物《せきさいぶつ》によって外からナンバープレート、ブレーキ灯、尾灯などが見えないときは、後方に見張り人を乗車させれば運転することができる。

問41 □

原動機付自転車の積み荷の幅の制限は、ハンドルの幅いっぱいまでである。

問42 □

明るいところから暗いところに入ったときは視力が低下するが、暗いところから明るいところへ出たときは視力は低下しない。

解答と解説

問36 ×

原動機付自転車の乗車定員は１人であり、二人乗りは禁止されています。

問37 ×

普通貨物自動車の荷台に荷物を積むときには、荷台から後ろに車の長さの10分の１まではみ出して荷物を積むことができます。

問38 ×

12歳未満のこども３人を大人２人として計算します。もちろん、運転者も１人として数えます。

問39 ×

原動機付自転車には、30キログラムまでの重さの荷物を積むことができます。

問40 ×

車の積載物によって外からナンバープレート、ブレーキ灯、尾灯などが見えにくくなったりするような積み方をしてはいけません。

問41 ×

原動機付自転車には積《せき》載《さい》装《そう》置《ち》の幅＋左右0.15メートル以下、長さは積載装置の長さ＋0.3メートル以下まで積むことができます。

問42 ×

明るいところから暗いところへ、暗いところから明るいところへと明るさが急に変わると、視力は一時急激に低下します。

3-3 運転の方法

●次の問題で正しいものは「○」、誤っているものには「×」と答えなさい。

問1 □

同乗者が不用意にドアを開けたため事故が起きたとしても、運転者にも責任がある。

問2 □

四輪車のシートの背は、ハンドルに両手をかけたとき、ひじがいっぱいに伸びる状態に合わせるのがよい。

問3 □

運転中に携帯電話《けいたいでんわ》をかけることは禁止されているが、かかってきた電話に出ることは禁止されていない。

問4 □

自動車を運転中であっても、徐行《じょこう》すればカーナビゲーション装置の画像を注視してもよい。

問5 □

自動車を後退させるとき運転者は、シートベルトを着用しなくてもよい。

問6 □

エアバッグを備えている車を運転するときは、シートベルトを着用しなくてもよい。

問7 □

シートベルトは、運転者はもちろん、同乗者にも着用させなければならない。

解答と解説

問1 ○

運転者は同乗者がドアを不用意に開けたりしないように、注意しなければなりません。

問2 ×

四輪車のシートの背は、ハンドルに両手をかけたとき、ひじがわずかに曲がる状態に合わせるようにします。

問3 ×

運転中の携帯電話の使用は危険なので、運転中は電源を切っておくか、ドライブモードに設定するなど呼出音が鳴らないようにしておきます。

問4 ×

運転中にカーナビゲーション装置を操作したり、表示された画像を注視しながら運転するのは大変危険です。

問5 ○

シートベルトは負傷、疾病などのためシートベルトを着用することが適当でないときや、自動車を後退させるときなどは、装着が免除されています。

問6 ×

車がエアバッグを備えている場合でも、シートベルトを着用しなければなりません。

問7 ○

シートベルトを備えている自動車を運転するときは、運転者自身がこれを着用するとともに、同乗者にも着用させなければなりません。

問8 □

普通自動車の運転の途中に、予定のなかった幼児を乗車させるときには、チャイルドシートの使用義務は免除される。

問9 □

幼児を乗用車に乗せるときには、前部座席に乗せるほうが後部座席に乗せるよりも目が届き、安全である。

問10 □

助手席用のエアバッグが備えてある自動車の助手席に、やむを得ず幼児を同乗させるときは、座席をできるだけ前に出した上で、チャイルドシートを使用することが大切である。

問11 □

道路の中央から左側部分の幅が6メートル未満であれば、いつでも右側部分にはみ出して、通行することができる。

問12 □

車両通行帯のある道路では、追越《おいこ》しなどでやむを得ないときは、進路を右の車両通行帯に変更して通行することができる。

問13 □

同一方向に2つの車両通行帯があるときは、法定最高速度の遅い車が左側、速度の速い車が右側の車両通行帯を通行する。

問14 □

歩道や路側帯《ろそくたい》のない道路で、道路の左側から0.5メートルの部分の路肩《ろかた》も自動車（二輪車を除く）は通行できる。

解答と解説

問8
×

6歳未満の幼児にチャイルドシートを使用しないで乗車させ、運転することはできません。

問9
×

幼児などを乗用車に乗せるときには、できるだけ後部座席にチャイルドシートを装着して乗せるようにします。

問10
×

助手席用のエアバッグを備えている自動車で、やむを得ず助手席でチャイルドシートを使用するときは、座席をできるだけ後ろまで下げ、必ず前向きに固定します。

問11
×

左側部分の幅が6メートル未満の道路では、追越しをする場合や道路工事などのため通行するのに十分な幅がないときなどには、右側部分にはみ出して通行できます。

問12
○

車両通行帯のある道路で追越しをするときには、通行している通行帯の直近の右側の通行帯を通行しなければなりません。

問13
×

同一方向に2つの車両通行帯があるときは、右側の通行帯は追越《おいこ》しなどのためにあけておき、左側の通行帯を通行します。

問14
×

歩道や路側帯のない道路を通行するときは、路肩（路端から0.5メートル）の部分にはみ出して通行することはできません（二輪車を除く）。

問15 □ 車は、路面電車が通行していないときは、いつでも軌道敷内《きどうしき》を通行することができる。

問16 □ 安全地帯のない停留所に路面電車が停止していても、乗降客がいなければ路面電車との間隔にかかわらず徐行して通行できる。

問17 □ 車両通行帯が黄色の線で区画されている道路を進行しているときは、右左折のためであっても、交差点の手前で進路を変えることはできない。

問18 □ 交差点や交差点付近でないところで緊急《きんきゅう》自動車が近づいてきたときは、道路の左側に寄り、一時停止か徐行《じょこう》をして進路をゆずらなければならない。

問19 □ 車を運転中、後方から緊急《きんきゅう》自動車が近づいてきたので、交差点内であったがすぐ左側に寄って一時停止した。

問20 □ 交差点とその付近以外の道路を通行中、前方から緊急《きんきゅう》自動車が接近してきたときは、そのまま進行を続けてよい。

問21 □ 路線バス等優先通行帯では、小型特殊自動車、原動機付自転車、軽車両以外の車は通行することができない。

解答と解説

問15 ×

車は、原則として軌道敷内を通行してはいけません。通行できるのは「軌道敷内通行可」の標識により指定された車だけです。

問16 ×

安全地帯がなく、乗り降りする人がいないときで、路面電車との間に1.5メートル以上の間隔がとれるときは、徐行して通行することができます。

問17 ○

車両通行帯が黄色の線で区画されている場所では、その線を越えて進路変更を行うことはできません。

問18 ×

交差点や交差点付近でないところで緊急自動車が近づいてきたときは、道路の左側に寄って進路をゆずらなければなりませんが、必ずしも一時停止や徐行の必要はありません。

問19 ×

緊急自動車が近づいてきたときに交差点内を通行しているときは、交差点の外に出て、道路の左側に寄って一時停止します。

問20 ×

緊急自動車は前後どちらから接近してきたときでも、道路の左側に寄って進路をゆずらなければなりません。

問21 ×

路線バス等が後方から接近してきた場合に、交通混雑のため優先通行帯から出られなくなるおそれがあるとき以外には、自動車は優先通行帯を通行することができます。

3-3 運転の方法

問22 □ 交通が混雑していたので、やむを得ずすいている自転車道を自動車で通行した。

問23 □ 普通自動車は、路線バスが近づいてきたときには他の通行帯へ進路を変えればよいので、路線バスなどの専用通行帯を通行することができる。

問24 □ 停留所に停車中の路線バスが発進の合図をしたときには、一時停止をして安全確認をしなければならない。

問25 □ 歩道や路側帯《ろそくたい》のない道路では、二輪の自動車以外の自動車は路肩《ろかた》（路端《ろたん》から0.5メートルの部分）を通行してもかまわない。

問26 □ 長い下り坂をオートマチック車で通行するときは、フットブレーキ（足ブレーキ）をひんぱんに活用するようにするのがよい。

問27 □ オートマチック車ではハンドブレーキさえかけていれば、チェンジレバーを「D」にしたまま、ウォーミングアップしても危険はない。

問28 □ 交差点で停止したとき、オートマチック車で停止時間が長くなりそうなときは、チェンジレバーを「N」に入れておくようにする。

解答と解説

問22 ×

自動車や原動機付自転車は、歩道や路側帯、自転車道などを通行してはいけません。しかし、道路に面した場所に出入りするため横切る場合などは通行できます。

問23 ×

普通自動車は路線バスなどの専用通行帯を通行してはいけません。しかし、右左折するため道路の右端、中央や左端に寄る場合などや道路工事などのためやむを得ない場合は通行できます。

問24 ×

停留所に停車中の路線バスが方向指示器などで発進の合図をしたときには、後方の車はその発進を妨げてはいけません。必ずしも一時停止の必要はありません。

問25 ×

自動二輪車を除く自動車は路肩を走行することはできません。

問26 ×

長い下り坂で、フットブレーキをひんぱんに使い過ぎると、急にブレーキがきかなくなることがあり、危険です。

問27 ×

ハンドブレーキをかけていても、しっかりとかかっていなければ、発進するおそれがあります。

問28 ○

オートマチック車で交差点などで停止したときに、停止時間が長くなりそうな場合には、チェンジレバーを「N」に入れておきます。

3-4 歩行者の保護

●次の問題で正しいものは「○」、誤っているものには「×」と答えなさい。

問1 □

路側帯《ろそくたい》を通行している自転車の側方を通過するときは、その自転車との間に安全な間隔をあけたり、徐行《じょこう》したりする必要はない。

問2 □

歩行者のそばを車で通行するときには、歩行者との間に安全な間隔をあけ、徐行《じょこう》しなければならない。

問3 □

安全地帯のそばを通るときは、歩行者がいてもいなくても徐行しなければならない。

問4 □

安全地帯のない停留所で路面電車から人が乗り降りしているときでも、徐行《じょこう》すれば路面電車の側方を通過してもよい。

問5 □

横断歩道や自転車横断帯に近づいたときに、横断する人や自転車がいるかいないか明らかでないときは、その手前で停止できるように速度を落として進まなければならない。

問6 □

横断歩道に近づいたときに歩行者が横断していたり、横断しようとしている場合は、歩行者との間に安全な間隔をあけるか、徐行《じょこう》して通過しなければならない。

解答と解説

問1 ×

自転車のそばを通るときは、自転車との間に安全な間隔をあけるか、徐行しなければなりません。

問2 ×

歩行者のそばを車で通行するときには、歩行者との間に安全な間隔をあけるか、安全な間隔をあけることができないときには徐行して通過します。

問3 ×

安全地帯のそばを通るときは、歩行者がいるときは徐行しなければなりませんが、いないときは徐行しないで通行できます。

問4 ×

安全地帯のない停留所で路面電車を乗り降りする人がいるときは、乗り降りする人や道路を横断する人がいなくなるまで、路面電車の後方で停止して待たなければなりません。

問5 ○

横断歩道などに近づいたときに、横断する人や自転車がいないことが明らかな場合のほかは、その手前で停止できるように速度を落として進まなければなりません。

問6 ×

歩行者が横断しているときや横断しようとしているときは、横断歩道の手前で一時停止をして歩行者に道をゆずらなければなりません。

3-4 歩行者の保護

問7 □

歩行者が横断歩道を通行していないことが明らかな場合は、徐行《じょこう》して通行する。

問8 □

止まっている車のそばを通るときは、車の右側の安全を確かめれば、速度を落とさず、そのまま通行することができる。

問9 □

横断歩道のない交差点や、その近くを歩行者が横断しているときは、徐行《じょこう》するなどして、歩行者の通行を妨げてはならない。

問10 □

横断歩道の手前に停止している車があるときは、そのそばを通り抜ける前に徐行《じょこう》して安全を確かめなければならない。

問11 □

白や黄のつえを持った人やその通行に支障のある高齢者が通行している場合には、あらかじめその手前で減速《げんそく》し、これらの人との間に安全な間隔をあけて通行しなければならない。

問12 □

乗り降りのため停車《ていしゃ》している通学通園バスの横を通行するときは、あらかじめ手前で減速《げんそく》し、通過しなければならない。

問13 □

こどもがひとり歩きしている場合、そのそばを通るときは、こどもとの間に安全と思われる間隔をあければ、徐行《じょこう》の必要はない。

解答と解説

問7 ×

歩行者または自転車が横断歩道や自転車横断帯を通行していないことがはっきりとわかる場合には、そのまま進行できます。

問8 ×

止まっている車のそばを通るときは、急にドアが開いたり、車のかげから人が飛び出したりする場合があるので、注意しましょう。

問9 ○

横断歩道のない交差点やその近くを歩行者が横断しているときは、その通行を妨げてはいけません。

問10 ×

横断歩道の手前で停止している車があるときには、そのそばを通って前方に出る前に一時停止をして、安全を確認しなければなりません。

問11 ×

白や黄のつえを持った人やその通行に支障のある高齢者が通行している場合には、一時停止か徐行をして、これらの人が安全に通れるようにしなければなりません。

問12 ×

乗降のため止まっている通学通園バスのそばを通るときは、徐行《じょこう》して安全を確かめなければなりません。

問13 ×

こどもがひとりで歩いているときは、一時停止か徐行をして、安全に通れるようにしなければなりません。

3-4 歩行者の保護

問14 □

車を運転して集団で走行する場合、ジグザグ運転や巻き込み運転など、他の車に危険を生じさせたり、迷惑をおよぼす行為をしてはならない。

問15 □

高齢者であっても危険の発見や回避が遅れたり、危険を回避する動作をとることが困難なことはないので、特に注意する必要はない。

問16 □

安全地帯がなく乗降客がいないときに、停留所で停止中の路面電車との間に1メートル以上の間隔があれば徐行《じょこう》して進むことができる。

問17 □

歩行者用道路の通行が許可されている車は、特に歩行者に注意して徐行《じょこう》しなければならないが、歩行者がいないときは徐行の必要はない。

問18 □

道路に面したガソリンスタンドに入るために歩道を横切る場合には、歩行者がいてもいなくても、その直前で一時停止しなければならない。

問19 □

仮免許練習標識をつけている車への幅寄《はばよ》せや、割り込みは禁止されているが、初心者マークを付けている車に対しては、禁止されていない。

問20 □

肢体不自由であることを理由に普通免許に条件を付された者は、普通自動車の定められた位置に身体障害者マークを付けるようにする。

解答と解説

問14 ○

車を運転して集団で走行する場合は、ジグザグ運転や巻き込み運転など、他の車に危険を生じさせたり、迷惑をおよぼすこととなる行為をしてはいけません。

問15 ×

高齢者は、加齢にともなう身体の機能の変化により、一般的に歩行が遅くなったり、危険を回避するためにとっさの行動をとることが困難となったり、危険の発見や回避が遅れがちになったりするので、特に注意します。

問16 ×

安全地帯のない停留所で、乗降客がいないとき、路面電車との間に1.5メートル以上の間隔があれば徐行して進むことができます。

問17 ×

歩行者用道路を通行するときには、歩行者の有無に関係なく徐行しなければなりません。

問18 ○

道路に面した場所に出入りするため歩道や路側帯《ろそくたい》を横切る場合には、その直前で一時停止するとともに、歩行者の通行を妨げないようにします。

問19 ×

初心者マークや仮免許練習標識を付けている自動車などに、危険をさけるためやむを得ない場合のほかは、幅寄せや無理な割り込みをしてはいけません。

問20 ○

普通免許を受けた者で肢体不自由であることを理由に免許に条件を付されている運転者は、自動車の定められた位置に身体障害者マークを付けるようにしましょう。

3-5 安全な速度

●次の問題で正しいものは「○」、誤っているものには「×」と答えなさい。

問1 □
速度規制のない一般道路における三輪の普通自動車の最高速度は50キロメートル毎時である。

問2 □
標識や標示によって最高速度が示されていれば、その最高速度の範囲内でできるだけ速い速度で走行するのがよい。

問3 □
車に重い荷物を積んでいるときは、空走距離が長くなる。

問4 □
空走距離とは、運転者が危険を感じてからブレーキを踏み、ブレーキが実際にきき始めるまでに車が走る距離である。

問5 □
運転者が危険を感じてからブレーキをかけ、車が完全に停止するまでの距離を制動《せいどう》距離という。

問6 □
制動《せいどう》距離は、空走距離と停止距離を合わせたものである。

解答と解説

問1 ×

速度規制のない一般道路における普通自動車の最高速度は60キロメートル毎時です。

問2 ×

決められた最高速度の範囲内であっても、道路や交通の状況、天候や視界などをよく考えて、安全な速度で走りましょう。

問3 ×

雨にぬれた道路を走る場合や重い荷物を積んでいる場合などは、制動《せいどう》距離が長くなります。

問4 ○

空走距離とは、運転者が危険を感じてからブレーキを踏み、ブレーキが実際にきき始めるまでに車が走る距離です。

問5 ×

運転者が危険を感じてからブレーキをかけ、ブレーキがきき始め、車が完全に停止するまでの距離を停止距離といいます。

問6 ×

車が停止するまでには、運転者が危険を感じてからブレーキを踏み、ブレーキが実際にきき始めるまでの間に車が走る距離（空走距離）と、ブレーキがきき始めてから車が完全に停止するまでの距離（制動距離）とを合わせた距離（停止距離）が必要です。

問7 □
タイヤがすり減っていると、摩擦抵抗《まさつていこう》が小さくなり、空走距離が長くなる。

問8 □
60キロメートル毎時で走行中の普通乗用自動車の停止距離は、おおむね32メートルである。

問9 □
車間距離を保つときは、制動《せいどう》距離とほぼ同じくらいの距離と考えればよい。

問10 □
ブレーキは最初にできるだけ軽く踏み、徐々に必要な強さまで踏み込んでいくようにする。

問11 □
アンチロックブレーキシステム（ＡＢＳ）を備えた自動車で急ブレーキをかける場合には、できるだけ軽く踏み、それから必要な強さまで徐々に踏み込まなければならない。

問12 □
40キロメートル毎時から20キロメートル毎時に速度を落とせば徐行となる。

問13 □
交通整理《こうつうせいり》の行われていない左右の見通しのきかない交差点では、すべて徐行《じょこう》しなければならない。

解答と解説

問7 ×

タイヤがすり減っていて摩擦抵抗が小さくなると、制動《せいどう》距離が長くなります。

問8 ×

60キロメートル毎時での普通乗用自動車の停止距離は約44メートルです。

問9 ×

安全を保つための車間距離は、停止距離以上を保たないと危険です。

問10 ○

ブレーキは最初はできるだけ軽く踏み込み、それから必要な強さまで徐々に踏み込んでいきます。

問11 ×

ＡＢＳを備えた自動車で急ブレーキをかける場合には、システムを作動させるために、一気に強く踏み込み、そのまま踏み込み続けることが必要です。

問12 ×

徐行とは、ただちに停止できる速度をいうので、20キロメートル毎時では徐行にはなりません。一般に10キロメートル毎時以下を徐行といいます。

問13 ×

左右の見通しがきかない交差点であっても、信号機などによる交通整理が行われている場合や優先道路を通行している場合には、徐行の規定はありません。

3-5 安全な速度

問14 □

道路の曲がり角付近を通行するときは、見通しがきいていても徐行《じょこう》しなければならない。

問15 □

転回するときの合図の時期は、転回しようとする地点の30メートル手前の地点に達したときである。

問16 □

停止しようとするときの合図の時期は、停止しようとするときである。

問17 □

交差点（環状交差点《かんじょうこうさてん》を除く）で右折するときの合図は、その交差点の中心から30メートル手前の地点に達したときにしなければならない。

問18 □

右左折するための進路変更の合図は、進路を変更するときの３秒前に行う。

問19 □

右左折などの行為が終わったときの合図をやめる時期は右左折の行為が終わった３秒後である。

問20 □

左右の見通しのきかない交差点、曲がり角、上り坂の頂上では、必ず警音器《けいおんき》を鳴らさなければならない。

解答と解説

問14 ○

道路の曲がり角付近は見通しのよい悪いに関係なく徐行しなければなりません。

問15 ○

転回するときの合図の時期は、右左折するときの合図の時期と同じで、転回しようとする地点から 30 メートル手前の地点に達したときです。

問16 ○

徐行《じょこう》か停止をしようとするときの合図の時期は、徐行か停止をしようとするときです。

問17 ×

交差点（環状交差点《かんじょうこうさてん》を除く）で右折するときの合図は、その交差点の手前の側端《そくたん》から30メートル手前の地点に達したときにしなければなりません。

問18 ○

同一方向に進行しながら進路を右方または左方に変えるときには、進路を変えようとするときの約３秒前に行います。

問19 ×

右左折などの行為が終わったときは、速やかに合図をやめなければなりません。

問20 ×

警笛《けいてき》区間の標識がある区間内で見通しのきかない交差点、曲がり角、上り坂の頂上を通るときは鳴らさなければなりません。

3-6 追越《おいこ》しなど

●次の問題で正しいものは「○」、誤っているものには「×」と答えなさい。

問1 □

前の車が自動車を追《お》い越《こ》そうとしているときや、後ろの車が自分の車を追い越そうとしているときは、追越《おいこ》しをしてはならない。

問2 □

前車がその前の原動機付自転車を追い越そうとしているとき、その自動車を追い越そうとすると、二重追越《おいこ》しとなる。

問3 □

交通整理の行われていない横断歩道の手前30メートルは、原動機付自転車や自動車を追い越してはならないが、追抜《おいぬ》きはしてもよい。

問4 □

「追越《おいこ》し禁止」の標識などがなくても、橋の上で原動機付自転車を追《お》い越《こ》すのは違反である。

問5 □

交差点の手前から30メートル以内の場所であっても、一方通行の道路であれば、追越《おいこ》しをしてもよい。

問6 □

横断歩道や自転車横断帯に近づいたときに横断する人や自転車がいないことが明らかな場合は、その手前から30メートル以内の場所で追《お》い越《こ》してもよい。

解答と解説

問1 ○

前の車が自動車を追い越そうとしているとき（二重追越し）や、後ろの車が自分の車を追い越そうとしているときは、危険なので追越しをしてはいけません。

問2 ×

前の自動車が自動車以外の車（例えば原動機付自転車）を追い越そうとしているときは、二重追越しにはなりません。

問3 ×

横断歩道とその手前から30メートル以内の場所は追い越すために進路を変えたり、その横を通り過ぎたりしてはいけません。

問4 ×

標識などで追越しが禁止されていなければ、橋の上での追越しは禁止されていないので、違反にはなりません。

問5 ×

優先道路を通行している場合を除き、交差点とその手前から30メートル以内の場所は追越し禁止です。

問6 ×

横断歩道や自転車横断帯とその手前から30メートル以内の場所は追越《おいこ》しが禁止されています。

3-6 追越しなど

問7 □

前の原動機付自転車がその前の自動車を追《お》い越《こ》そうとしているとき、その原動機付自転車を追い越し始めれば二重追越《おいこ》しとなる。

問8 □

道幅が6メートル未満の追越《おいこ》しが禁止されていない道路で、中央に黄色の実線が引かれているところでも、右側部分にはみ出さなければ追越《おいこ》しをしてもよい。

問9 □

バス停留所の標示板から前後に10メートル以内の場所は、バスの運行時間中に限って追越《おいこ》しが禁止されている。

問10 □

標識や標示で追越《おいこ》しが禁止されていないところでも、車両通行帯がないトンネル内は追越《おいこ》し禁止である。

問11 □

追越《おいこ》しが禁止されている場所であっても、追抜《おいぬ》きはしてもよい。

問12 □

上り坂の頂上付近は、追越《おいこ》しが禁止されているが、こう配の急な下り坂は禁止されていない。

問13 □

優先道路を通行中だったので、横断歩道とその手前から30メートル以内の場所で、前の自動車を追《お》い越《こ》した。

解答と解説

問7 ○

前の原動機付自転車がその前の「自動車」を追い越そうとしているとき、その原動機付自転車を追い越し始めれば二重追越しとなります。

問8 ○

中央に黄色の実線が引かれているところでは、追越しのために道路の右側部分にはみ出しての通行は禁止されていますが、右側部分にはみ出さなければ追越しができます。

問9 ×

バス停留所の標示板から10メートル以内の場所は、バスの運行時間中に限って駐停車が禁止されていますが、追越し禁止場所ではありません。

問10 ○

トンネル内に車両通行帯がないときは追越しが禁止されています。

問11 ×

追越し禁止の場所では追抜きも禁止されています。

問12 ×

こう配の急な下り坂は、徐行《じょこう》しなければならない場所であり、追越しも禁止されています。

問13 ×

優先道路であっても、横断歩道とその手前から 30メートル以内の場所は追越《おいこ》し禁止です。

3-6 追越しなど

問14 □

路面電車を追《お》い越《こ》そうとするときは、その左側を通行しなければならない。

問15 □

二輪車で自動車を追《お》い越《こ》すときは、左右どちらから追い越してもよい。

問16 □

交差点の中まで中央線が引かれている道路を通行中のときには、交差点の中でも追《お》い越《こ》すことができる。

問17 □

前の車が信号待ちで停止しているとき、その車の横を通過して前を横切ったのは違反である。

問18 □

道路の片側に障害物がある場合、その付近で対向車と行き違うときは、障害物のある側の車が減速《げんそく》したり停止したりして、道をゆずらなければならない。

解答と解説

問14 ○

原則として路面電車を追い越そうとするときは、その左側を通行しなければなりません。

問15 ×

前車を追い越そうとするときは、前車が右折するため道路の中央（一方通行では右端）に寄って通行しているときを除いて、前車の右側を追い越します。

問16 ○

優先道路を通行している場合には、交差点であっても追越しは禁止されていません。

問17 ○

駐停車《ちゅうていしゃ》している車の前方を横切ることはよいが、信号待ちなどで停止している車の前方を横切ることは禁止されています。

問18 ○

進路の前方に障害物があるときは、あらかじめ一時停止か減速をして、反対方向からの車に道をゆずります。

3-7 交差点の通り方

●次の問題で正しいものは「○」、誤っているものには「×」と答えなさい。

問1 □

内輪差《ないりんさ》とは、ハンドルを左右に切ったときの「ハンドルのあそび」のことである。

問2 □

道路外に出るため、左折しようとするときは、その直前に道路の左側に寄るようにしなければならない。

問3 □

交差点を左折するときには、道路の左端に寄り、交差点の側端《そくたん》に沿って進行すれば徐行《じょこう》しなくてもよい。

問4 □

自動車を運転して交差点（環状交差点《かんじょうこうさてん》を除く）を右折するときは、あらかじめ道路の中央に寄り、交差点の中心のすぐ外側を徐行《じょこう》して通行しなければならない。

問5 □

右折しようとしたときに、その交差点（環状交《かんじょうこう》差点《さてん》を除く）に反対方向から直進や左折をしてくる車がある場合、自分が先に交差点に入っていても、その進行を妨げてはならない。

問6 □

車両通行帯のある道路で、標識などによって交差点で進行する方向ごとに通行区分が指定されているときは、緊急《きんきゅう》自動車が近づいて来ても、指定された区分に従って通行しなければならない。

解答と解説

問1 ×

内輪差とは、車が曲がるとき後輪が前輪より内側を通ることによる前後輪の軌跡《きせき》の差をいいます。

問2 ×

道路外に出るため、左折しようとするときは、あらかじめできるだけ道路の左端に寄って徐行しなければなりません。

問3 ×

交差点を左折するときには、道路の左端に寄り、交差点の側端に沿って徐行しながら、通行しなければなりません。

問4 ×

交差点（環状交差点《かんじょうこうさてん》を除く）を右折するときは、あらかじめ道路の中央に寄り、交差点の中心のすぐ内側を徐行しながら通行しなければなりません。

問5 ○

右折しようとする場合に、その交差点（環状交差点《かんじょうこうさてん》を除く）の対向車線を直進か左折をする車や路面電車があるときは、自分の車が先に交差点に入っていても、その進行を妨げてはいけません。

問6 ×

車両通行帯のある道路で、標識などによって交差点で進行する方向ごとに通行区分が指定されているときでも、緊急自動車が近づいて来た場合や道路工事などでやむを得ない場合は、指定された区分に従って通行する必要はありません。

3-7 交差点の通り方

問7 □

一方通行の道路において、道路外に出るため右折しようとするときは、道路の右端にあらかじめできるだけ寄って徐行《じょこう》しなければならない。

問8 □

信号機が青の灯火《とうか》を表示しているときで、交差点の前方の交通が混雑しているときには、徐行して進入しなければならない。

問9 □

交通整理《こうつうせいり》の行われていない同じ道幅の交差点（環状交差点《かんじょうこうさてん》を除く）に入ろうとしたとき、右方から路面電車が接近してきたときには、左方車優先の原則によりそのまま進行することができる。

問10 □

交差する道路が優先道路であるときや、その道幅が明らかに広いときは、交差点（環状交差点《かんじょうこうさてん》を除く）の手前で一時停止をして交差道路を通行する車の進行を妨げないようにする。

問11 □

前の車が右左折するため進路を変えようとして合図したときは、その車の進路の変更を妨げてはならない。

解答と解説

問7 ○

一方通行の道路から右折するときは、道路の右端に寄り、徐行しなければなりません。

問8 ×

前方の交通が混雑しているため交差点内で止まってしまい、交差方向の車の通行を妨げるおそれがあるときは、信号が青でも交差点に入ることはできません。

問9 ×

交通整理の行われていない同じ程度の幅の道路が交差する交差点（環状交差点《かんじょうこうさてん》を除く）では、交差道路を左方から進行してくる車の進行を妨げたり、交差道路を通行する路面電車（右方、左方に関係なく）の進行を妨げてはいけません。

問10 ×

交差する道路が優先道路であるときや、交差する道路の道幅が明らかに広いときは、徐行《じょこう》をして交差道路を通行する車の進行を妨げないようにします。必ずしも一時停止の必要はありません。

問11 ○

前の車が右左折するためや標識などにより指定された車両通行帯を通行するためなどで進路を変えようとして合図したときは、その車の進路の変更を妨げてはいけません。

3-8 駐車《ちゅうしゃ》と停車《ていしゃ》

●次の問題で正しいものは「○」、誤っているものには「×」と答えなさい。

問1 □

駐車場、車庫などの自動車専用の出入口から3メートル以内の場所では、駐車《ちゅうしゃ》も停車《ていしゃ》もできない。

問2 □

火災報知機から1メートル以内の場所は、駐車《ちゅうしゃ》は禁止されているが、停車《ていしゃ》は禁止されていない。

問3 □

道路工事の区域の端から5メートル以内の場所は、人の乗り降りのための停車《ていしゃ》は認められている。

問4 □

横断歩道の端から手前5メートル以内の場所では停車はできないが、横断歩道の端から先5メートル以内の場所は停車《ていしゃ》できる。

問5 □

車両通行帯のあるトンネルの中では、停車《ていしゃ》することが認められている。

問6 □

消火栓、指定消防水利の標識が設けられている位置や消防用防火水そうの取り入れ口から5メートル以内の場所には駐車《ちゅうしゃ》することはできない。

問7 □

駐車《ちゅうしゃ》するときに歩道がない場所では、歩行者のために車の左側を0.5メートル以上あけておかなければならない。

解答と解説

問1 ×

駐車場、車庫などの自動車専用の出入口から３メートル以内の場所では、駐車は禁止されていますが、停車は禁止されていません。

問2 ○

火災報知機から１メートル以内の場所は、駐車のみが禁止されています。

問3 ○

道路工事の区域の端から５メートル以内の場所は、駐車《ちゅうしゃ》は禁止されていますが、停車は禁止されていません。

問4 ×

横断歩道とその端から前後に５メートル以内の場所は、駐停車禁止です。

問5 ×

トンネルの中は車両通行帯のあるなしにかかわらず駐停《ちゅうてい》車《しゃ》禁止です。

問6 ○

消火栓、指定消防水利の標識が設けられている位置や消防用防火水そうの取り入れ口から５メートル以内の場所は、駐車のみ禁止されています。

問7 ×

歩道や路側帯《ろそくたい》のない道路で駐車するときには、道路の左端に沿います。

3-8 駐車と停車

問8 □

駐車禁止《ちゅうしゃきんし》場所で、人を待つために長時間、車を止めておいても、エンジンをかけておけば駐車違反にはならない。

問9 □

バス停の標示板から10メートル以内の場所はバスの運行時間中に限り駐停車禁止《ちゅうていしゃきんし》だが、運行時間外で標識などにより駐停車が禁止されていない場所なら、バス以外の車も駐停車できる。

問10 □

駐停車禁止《ちゅうていしゃきんし》の場所であっても、５分以内の荷物の積卸《つみおろ》しのための停車《ていしゃ》は許されている。

問11 □

人の乗り降りのための停車《ていしゃ》であれば、５分をこえても駐車《ちゅうしゃ》にはならない。

問12 □

幅の広い路側帯《ろそくたい》に駐車《ちゅうしゃ》するときは、歩行者の通行のため、車の左側に0.5メートル以上の余地《よち》をあければ駐車することができる。

問13 □

歩道や路側帯のある道路に駐車《ちゅうしゃ》するときは、左端に0.75メートル以上の余地《よち》をあけなければならない。

問14 □

歩道の幅が0.75メートル以上ある道路で駐車《ちゅうしゃ》するときには、歩道に入って車の左側に0.75メートルをあければ駐車することができる。

解答と解説

問8 ×

人待ちのため長時間、車を止めておくことは、駐車となるため、駐車違反になります。

問9 ○

バス、路面電車の停留所の標示板（標示柱）から10メートル以内の場所では運行時間中に限り、駐停車が禁止されています。

問10 ×

駐停車禁止の場所では、荷物の積卸しのための停車も禁止されています。

問11 ○

人の乗り降りのための停車であれば、時間の制限はありません。

問12 ×

路側帯に入って駐停車《ちゅうていしゃ》することができる場合には、車の左側に0.75メートル以上の余地をあけておかなければなりません。

問13 ×

歩道や路側帯のある一般道路に駐車するときは、車道の左端に沿って行います。

問14 ×

歩道に乗り上げて駐車や停車《ていしゃ》をすることはできません。

3-8 駐車と停車

問15 □

下り坂で車から離れるとき、マニュアル車ではギアをバックに、オートマチック車ではチェンジレバーを「R」に入れる。

問16 □

夜間、一般道路で車を駐車《ちゅうしゃ》するとき、道路照明などにより50メートル後方からはっきり見えるところでも、非常点滅《てんめつ》表示灯か駐車灯または尾灯をつけなければならない。

問17 □

自動車の右側に3.5メートル以上の余地《よち》がない道路で、荷物の積卸《つみおろ》しのため運転者が車のそばを離れずに10分間車を止めた。

問18 □

駐車《ちゅうしゃ》したら車の右側の道路上に3.5メートル未満の余地《よち》しかなかったが、他の通行車両も少なく、他の通行を妨げないと判断し駐車した。

問19 □

パーキング・チケット発給設備がある時間制限駐車区間で駐車《ちゅうしゃ》する場合、標識によって表示されている時間をこえる場合には、手数料を２倍支払って時間を延長する。

問20 □

パーキング・チケット発給設備から発給を受けたパーキング・チケットは、運転者が車から離れるときは携帯しなければならない。

解答と解説

問15 ×

下り坂で車から離れるとき、オートマチック車ではチェンジレバーを「P」に入れておきます。

問16 ×

夜間、一般道路で車を駐車するとき、道路照明などにより50メートル後方からはっきり見えるところでは、非常点滅表示灯や駐車灯または尾灯をつけなくてもかまいません。

問17 ○

自動車の右側に3.5メートル以上の余地がない道路でも、荷物の積卸しのため運転者が車のそばを離れなければ、車を止めておくことができます。

問18 ×

駐車した場合に、車の右側の道路上に3.5メートル以上の余地がないときに駐車できるのは、荷物の積卸《つみおろ》しで運転者がすぐ運転できるときや傷病者の救護のためやむを得ないときだけです。

問19 ×

パーキング・チケット発給設備がある時間制限駐車区間で駐車する場合、標識によって表示されている時間をこえて駐車することはできません。

問20 ×

パーキング・チケットは、車の前面の見やすい場所（フロントガラスのある車では、その内側）に前方から見やすいように掲示します。

3-8 駐車と停車

問21 □

違法駐車《ちゅうしゃ》している車の運転者は、警察官に移動を命じられたときには、ただちにその車を移動しなければならない。

問22 □

車から離れるときは、オートマチック車ではチェンジレバーを「P」に入れ、それ以外の車ではギアを平地や下り坂ならバック、上り坂ならローに入れておくとよい。

問23 □

車から離れているときは、短時間ならハンドブレーキを引いておけば、エンジンを止める必要はない。

問24 □

自動車の保管場所は、住所など自動車の使用の本拠の位置から1キロメートル以内の道路外の場所に確保しなければならない。

問25 □

上り坂でオートマチック車を駐車《ちゅうしゃ》するときは、チェンジレバーを「L」(または「1」) に入れておくのがよい。

解答と解説

問21 ○

違法に駐車している車の運転者などは、現場で警察官などにその車を移動するように命じられたときには、ただちにその車を移動しなければなりません。

問22 ○

ギアは、平地や下り坂ではバック、上り坂ではローに入れ、オートマチック車ではチェンジレバーを「P」に入れておきます。

問23 ×

車から離れているときは、エンジンを止め、ハンドブレーキをかけなければなりません。

問24 ×

自動車の保管場所は、住所など自動車の使用の本拠の位置から2キロメートル以内の、道路以外の場所に確保しなければなりません。

問25 ×

オートマチック車で駐車するときには、チェンジレバーを「P」に入れておきます。

3-9 危険な場所などの運転

●次の問題で正しいものは「○」、誤っているものには「×」と答えなさい。

問1 □ 踏切を通過しようとするときに見通しがきくところでは、一時停止しないで通過することができる。

問2 □ 見通しの悪い踏切を通過するときは、直前（停止線があるときは、その直前）で一時停止するよりも目で確認できるところまで徐々に踏切内に入り、一時停止をして確認するのがよい。

問3 □ 踏切で左右の安全を確認するときは、一方からの列車が通過しても、その直後に反対方向からの列車が近づいてくることがあるので、十分注意する。

問4 □ 信号機のある踏切では、信号機の表示する青信号に従えば、一時停止することなく通過できる。

問5 □ しゃ断機が降り始めていたので、急いで踏切を通過した。

問6 □ 踏切を通るときは、対向車に注意をし、できる限り左端に寄って通過するのがよい。

解答と解説

問1 ×
踏切を通過しようとするときは、その直前（停止線があるときは、その直前）で一時停止をし、安全を確認します。

問2 ×
踏切内での一時停止は危険です。踏切の直前で一時停止をして安全を確認します。

問3 ○
踏切で左右の安全を確認する場合、一方からの列車が通過してもその直後に反対方向から列車が近づいてくることがありますから、十分注意しましょう。

問4 ○
踏切に信号機がある場合は、信号機の表示する青信号に従って、一時停止をしないで通過することができます。

問5 ×
踏切のしゃ断機が降り始めていたり、降りていたりするときは、踏切に入ってはいけません。

問6 ×
踏切内では、歩行者や対向車に注意しながら、落輪《らくりん》しないようにやや中央寄りを通ります。

問7 □
上り坂では、クラッチ操作で発進しようとすると、失敗して後退《こうたい》することがあるので、四輪車の場合は、ハンドブレーキを利用して発進するとよい。

問8 □
上り坂の頂上付近では、エンスト防止のため加速して一気に通過するのがよい。

問9 □
エンジンブレーキはフットブレーキが故障したときや緊急《きんきゅう》時に使用するので、下り坂では使用しないほうがよい。

問10 □
坂道では、上り坂の車が優先であるから、近くに退避所があるときでも、下りの車を優先させる必要はない。

問11 □
片側が転落のおそれがあるがけになっている道路で、安全な行き違いができないときは、山側の車が一時停止をして道をゆずるのがよい。

問12 □
見通しの悪い左カーブでは、中央線寄りを走行したほうがカーブの先を見やすいので安全である。

解答と解説

問7 ○

上り坂では、クラッチ操作だけで発進しようとすると、失敗して車が後退し、後ろの車と衝突《しょうとつ》することがありますので、できるだけハンドブレーキを利用します。

問8 ×

上り坂の頂上付近は見通しが悪いので、徐行《じょこう》しなければなりません。

問9 ×

エンジンブレーキはフットブレーキの補助として使用されます。停止するときや下り坂などでアクセルペダルを戻すと、エンジンの回転が遅くなるため速度が遅くなり、ブレーキの役目をします。これをエンジンブレーキといいます。

問10 ×

坂道では、近くに待避所があるときは、上りの車でも、その待避所に入って道をゆずります。

問11 ×

片側が転落のおそれがあるがけになっている道路で、安全な行き違いができないときは、がけ側の車が一時停止をして道をゆずります。

問12 ×

見通しの悪い左カーブでは、中央線からはみ出して走行してくる対向車と衝突《しょうとつ》のおそれがあるので、できるだけ左寄りを走行します。

3-9 危険な場所などの運転

問13 □

曲がり角やカーブを通行するときは、内輪差《ないりんさ》のため歩行者や自転車を巻き込んだり、後ろの車輪が路肩《ろかた》にはみ出したりすることがあるので、注意しなければならない。

問14 □

夜間、前を走る車の直後を通行しているときには、前照灯を上向きにして、前の車の尾灯などがよく見えるような車間距離を保ち、走行する。

問15 □

夜間、大型車の後ろについて運転中、眠気を感じたら、休息をとるより前車のブレーキ灯を見ながら運転すると安全である。

問16 □

夜間、見通しの悪い交差点やカーブなどの手前では、他の車や歩行者に接近を知らせるために前照灯を上向きに切り替えたり、点滅《てんめつ》したりすることは危険である。

問17 □

夜間、交通量の多い市街地の道路では、危険が多いので、常に前照灯を上向きにして運転するのがよい。

問18 □

昼間でもトンネルの中や濃い霧の中で50メートル（高速道路では200メートル）先が見えないような場所を通行するときは、前照灯などをつけなければならない。

解答と解説

問13 ○

道路の曲がり角やカーブを通行するときは、車の内輪差のため、内側にいる歩行者や自転車を巻き込んだり、後ろの車輪が路肩にはみ出したりするおそれがあるので、注意します。

問14 ×

夜間、前を走る車の直後を通行しているときには、前照灯を減光するか、下向きに切り替えなければなりません。

問15 ×

夜間、眠気を感じたら、安全な場所に車を止めて、休息をとるようにします。

問16 ×

夜間、見通しの悪い交差点やカーブなどの手前では、前照灯を上向きに切り替えるか点滅して、他の車や歩行者に接近を知らせます。

問17 ×

夜間、交通量の多い市街地の道路などでは、常に前照灯を下向きに切り替えて運転します。

問18 ○

昼間でも、トンネルの中や濃い霧の中などで 50 メートル（高速道路では200メートル）先が見えないような場所を通行するときは、前照灯、車幅灯、尾灯などをつけなければなりません。

問19 □ 雨が降っている夜間は、見通しが悪く対向車と接触するおそれもあるので、できるだけ路肩《ろかた》を走行するほうがよい。

問20 □ 舗装された道路では、雨の降り始めが最もスリップしやすく、降り続いているときより注意しなければならない。

問21 □ 雪道では、他の車の通った跡《あと》をできるだけ避けて通行したほうがよい。

問22 □ 霧のときに、危険防止のために必要に応じて警音器《けいおんき》を鳴らすのは、警音器の乱用にならない。

問23 □ 霧で視界が悪いところを走行するときは、前照灯を上向きにすると見通しがよくなる。

問24 □ ぬかるみなどで車輪がから回りするときは、一番力の強いローギアに入れエンジンの回転を上げて、一気にタイヤを回して出るほうがよい。

問25 □ 二輪車で走行中にエンジンの回転数が上がった後、故障などにより、下がらなくなったときは、点火スイッチを切って、エンジンの回転を止めることが大切である。

解答と解説

問19 ×

雨の日などは地盤がゆるんでいることがあるので、路肩に寄り過ぎないようにします。

問20 ○

雨の降り始めは道路上の泥などが水面に浮いてすべりやすくなり、降り続くことにより泥などが流されます。

問21 ×

雪道では、できるだけ車の通った跡（わだち）を選んで走るようにします。

問22 ○

霧のときは、危険防止のために必要に応じて警音器を使います。

問23 ×

霧の中を走行するときに、前照灯を上向きにすると乱反射し、視界が悪くなるので下向きにします。

問24 ×

ぬかるみなどで車輪がから回りするときは、古毛布、砂《じゃ》利《り》などをすべり止めに使うと効果的です。

問25 ○

走行中にエンジンの回転数が上がった後、故障などにより、下がらなくなったときは、二輪車の場合、点火スイッチを切って、エンジンの回転を止めることが大切です。

問26 □
走行中にタイヤがパンクしたときは、おもわぬ方向に進むと危険なので、ハンドルをしっかり握り、急ブレーキをかけて車を早く停止させることが大切である。

問27 □
走行中に後輪が左に横すべりしたときは、ハンドルを右に回して車体の向きを立て直すようにするとよい。

問28 □
走行中、後輪が横すべりをはじめたときは、急ブレーキをかけて停止させたほうがよい。

問29 □
下り坂などでブレーキがきかなくなった場合は、手早く減速《げんそく》チェンジをしてエンジンブレーキをきかせ、ハンドブレーキをきかせるのがよい。

問30 □
対向車と正面衝突のおそれが生じたときは、少しでもハンドルとブレーキでかわすようにしなければならないが、もし、道路外が危険な場所でなければ、道路外に出ることをためらってはならない。

解答と解説

問26 ×

走行中にタイヤがパンクしたときは、ハンドルをしっかりと握り、車の方向を直すことに全力を傾けます。急ブレーキをさけ、断続的にブレーキを踏んで止めます。

問27 ×

後輪が左（右）にすべったときは、車は右（左）に向くので、ハンドルを左（右）に切ります。

問28 ×

後輪が横すべりを始めたときは、ブレーキをかけてはいけません。まずアクセルをゆるめ、同時にハンドルで車の向きを立て直すようにします。

問29 ○

下り坂などでブレーキがきかなくなったときは、手早く減速チェンジをし、ハンドブレーキを引きます。

問30 ○

対向車と正面衝突のおそれが生じたときは、警音器とブレーキを同時に使い、できる限り左側によけます。衝突の寸前まであきらめないで、少しでもブレーキとハンドルでかわすようにします。もし道路外が危険な場所でないときは、道路外に出ることをためらってはいけません。

3-10 高速道路での走行

●次の問題で正しいものは「○」、誤っているものには「×」と答えなさい。

問1 □

他の車をけん引している車は、その構造に関係なく高速道路を通行することはできない。

問2 □

原動機付自転車は高速道路を通行できないが、ミニカーは普通自動車なので、高速道路を通行できる。

問3 □

高速道路を通行するときは、高速走行するためにタイヤが熱をもち、空気が膨張するので、タイヤの空気圧をやや低めにしておく。

問4 □

高速道路を走行するためにエンジンオイルの量の点検では、オイルレベルゲージ（油量計）の「F」より多めに入れるようにする。

問5 □

高速道路の本線車道が混雑していたので、しばらくの間広い路側帯を通行した。

問6 □

高速道路の加速車線を走行する車は徐行《じょこう》して、本線車道を通行している車の進行を妨げてはならない。

問7 □

高速道路が雨でぬれていて、タイヤがすり減っている車で80キロメートル毎時で走行する場合は、80メートルの車間距離が必要である。

解答と解説

問1 ✕

けん引するための構造と装置のある車で、けん引されるための構造と装置のある車をけん引する場合は通行できます。

問2 ✕

高速道路は原動機付自転車・ミニカー・総排《そうはい》気《き》量《りょう》125cc以下の普通自動二輪車は通行できません。

問3 ✕

高速道路を通行するときには、タイヤの空気圧をやや高めにします。

問4 ✕

エンジンオイルの量はオイルレベルゲージの「L」から「F」の間になるようにします。「F」に近い量がよいでしょう。

問5 ✕

高速道路の路側帯や路肩を通行してはいけません。

問6 ✕

加速車線を走行する車は十分加速して本線車道に入らなければ、追突されるおそれがあります。

問7 ✕

路面が雨にぬれ、タイヤがすり減っている場合は、80メートルの約２倍程度の車間距離が必要となることがあります。

3-10 高速道路での走行

問8 □

高速自動車国道の本線車道における法定最低速度は、自動車の種類に関係なく60キロメートル毎時である。

問9 □

高速自動車国道で中央分離帯がない場合、普通自動車の最高速度は80キロメートル毎時である。

問10 □

高速自動車国道の本線車道における普通自動車の最高速度は、すべて100キロメートル毎時である。

問11 □

最高速度が標識や標示などで表示されていない自動車専用道路での最高速度は、高速自動車国道の最高速度と同じである。

問12 □

高速自動車国道の本線車道での三輪の普通自動車の最低速度は、標識や標示で指定されていなければ、60キロメートル毎時である。

問13 □

高速道路の本線車道でやむを得ずブレーキをかけるときは、クラッチペダルとブレーキペダルを同時に踏むのがよい。

問14 □

高速自動車国道の登坂車線は、荷物を積んだ大型貨物自動車以外は通行できない。

解答と解説

問8 ×

高速自動車国道の本線車道における法定最低速度は、50キロメートル毎時です。

問9 ×

高速自動車国道で中央分離帯がなく、最高速度の指定がない場合の最高速度は60キロメートル毎時（一般道路の最高速度と同じ）です。

問10 ×

普通自動車のうち三輪の普通自動車の最高速度は80キロメートル毎時です。

問11 ×

自動車専用道路での最高速度は、標識や標示などの指定がなければ、一般道路の最高速度と同じ60キロメートル毎時です。

問12 ×

高速自動車国道の本線車道での三輪の普通自動車最低速度は、標識や標示で指定がなければ、50 キロメートル毎時です。

問13 ×

ブレーキをかけるときは、一段低いギアに落としエンジンブレーキを使うとともに、フットブレーキを数回に分けて踏むようにします。

問14 ×

登坂車線は、車種に関係なく、速度の遅くなる車が通行できます。

3-10 高速道路での走行

問15 □

高速道路を通行中、後方から緊急《きんきゅう》自動車が接近してきたときは左側に寄って一時停止する。

問16 □

歩行が困難な人が高速道路で故障などにより運転することができなくなったときは、停止表示灯を自動車の側方《そくほう》の路上など後方から見やすいところに置くことができる。

問17 □

高速道路で故障し、やむを得ず路肩《ろかた》に駐車《ちゅうしゃ》するときは、必要な危険防止の措置をとった後、車外にいると危険なので車内で待機する。

問18 □

高速道路の本線車道から減速《げんそく》車線へ出ようとするときは、あらかじめ本線車道で十分に減速する。

問19 □

高速道路を走行して出口に近づいたときは、あらかじめ左側の路側帯《ろそくたい》を通行しなければならない。

解答と解説

問15 ×

高速道路では、緊急自動車が接近してきたときは進路をゆずればよく、必ずしも一時停止の必要はありません。

問16 ○

歩行が困難で自動車の後方の路上に停止表示器材を置くことができない場合には、停止表示灯については自動車の側方の路上などの後方から見やすい場所に置くことができます。

問17 ×

高速道路で故障し、やむを得ず路肩に駐車するときは、車内にいると追突などのおそれがあるため、車外の安全な場所で待機します。

問18 ×

本線車道上で減速すると後方の車に追突される危険があるので、減速車線に入ってから減速します。

問19 ×

出口に近づいたときは、あらかじめ出口に接続する車両通行帯を通行しなければなりません。

3-11 二輪車の運転方法

●次の問題で正しいものは「○」、誤っているものには「×」と答えなさい。

問1 □ 二輪車を選ぶときは、8の字型に押して歩くことが完全にできるかどうか、平地でサイドスタンドを立てることが楽にできるかどうか確かめることが大切である。

問2 □ 二輪車を運転するときは、工事用安全帽を乗車用ヘルメットとして使用してはならない。

問3 □ 普通二輪免許を受けて1年を経過していない者でも、大型二輪免許を受けていれば二人乗りをしてもよい。

問4 □ 二輪車は年齢が20歳以上で、二輪免許取得期間が3年以上の者であれば高速道路で二人乗りをしてもよい。

問5 □ 二輪車のチェーンは、ゆるみがなく張り過ぎているくらいのほうがよい。

問6 □ 二輪車の正しい運転姿勢は、ステップに乗せた足のつま先が外側を向き、両ひざが開いているのがよい。

解答と解説

問1 ×

平地でセンタースタンドを立てることが楽にできるものを選びます。サイドスタンドではありません。

問2 ○

工事用安全帽は乗車用ヘルメットではないので、工事用安全帽を使用して運転することはできません。

問3 ×

二輪免許を受けて1年を経過していない者は二人乗りをすることはできません。

問4 ○

二輪免許を受けた者で、20歳未満の者や二輪免許を受けていた期間が3年未満の者は高速道路で二人乗りをすることはできません。

問5 ×

二輪車のチェーンは、ゆるみ過ぎていたり、張り過ぎていたりしないようにします。

問6 ×

ステップに土踏まずを乗せて、足の裏がほぼ水平になるようにし、足先がまっすぐ前方に向くようにして、タンクを両ひざでしめるようにします。

3-11 二輪車の運転方法

問7 □
二輪車の乗車姿勢は、手首を下げハンドルを手前に引くような気持ちで、グリップを軽く持ち、肩の力を抜き、ひじをわずかに曲げ、背すじを伸ばして、視線を先の方に向けるのがよい。

問8 □
原動機付自転車の運転中に、携帯電話を手に持って通話したり、メールを送信したりしてはいけない。

問9 □
二輪車を運転してカーブを通行するときは、カーブの途中でクラッチを切って惰力で走行し、カーブの後半でやや加速するのがよい。

問10 □
二輪車でカーブを曲がるときは、車体を傾けると横すべりしやすいので、車体を傾けないようにしてハンドルを切るとよい。

問11 □
二輪車でぬかるみや砂利《じゃり》道《みち》を通行するときには、路面の状況によっては立ち姿勢をとり、バランスを保ちながら走行するとよい。

問12 □
原動機付自転車は2つの車両通行帯があり信号機などにより交通整理《こうつうせいり》が行われている交差点では、二段階の方法により右折しなければならない。

問13 □
二輪車で幅の広い道路で右折しようとするときは、十分手前から徐々に右側の車線に移るようにしなければならない。

解答と解説

問7 ×

二輪車の乗車姿勢は、手首を下げて、ハンドルを前に押すような気持ちでグリップを軽く持ちます。

問8 ○

運転中はメールを含め、携帯電話を使用してはいけない。

問9 ×

クラッチを切らないで常に車輪にエンジンの力をかけておき、カーブの後半で前方の安全を確かめてから、やや加速するようにします。

問10 ×

二輪車でカーブを曲がるときは、ハンドルを切るのではなく、車体を傾けることによって自然に曲がるような要領で行います。

問11 ○

二輪車でぬかるみや砂利道を通行するときは、スロットルで速度を一定に保ち、体でバランスをとりながら通行します。

問12 ×

原動機付自転車は車両通行帯が３つ以上ある交通整理が行なわれている交差点や二段階右折の標識がある交差点では、二段階の方法により右折しなければなりません。

問13 ○

幅の広い道路で右折しようとするときは、十分手前のところから、徐々に右側の車線に移るようにします。

問14 □ 小回り右折の標識のある交差点で右折する原動機付自転車は、あらかじめその前からできる限り道路の中央に寄り、かつ、交差点の中心のすぐ内側を徐行《じょこう》する。

問15 □ 二輪車のエンジンブレーキは、高速ギア（トップギア）から低速ギア（ローギア）へ一気に入れたほうが制動《せいどう》力が大きく安全な停止ができる。

問16 □ 二輪車でブレーキをかけるときは、エンジンブレーキを作用させないように必ずクラッチを切ってからかけたほうがよい。

問17 □ 二輪車でブレーキをかけるときは、車体を垂直《すいちょく》に保ち、ハンドルを切らない状態で、エンジンブレーキをきかせながら、前後輪のブレーキを同時にかけるとよい。

問18 □ 二輪車で急ブレーキをかけると転倒する危険があるので、ブレーキをかけるときは、一段低いギアに落としてエンジンブレーキを使うとともに、ブレーキは数回に分けてかけるとよい。

問19 □ オートマチック二輪車に無段変速装置が採用されている場合、エンジンの回転数が低いときには、車輪にエンジンの力が伝わりにくくなる。

解答と解説

問14 ○

小回り右折は自動車と同じように、二段階右折では軽車両と同じように右折します。

問15 ×

エンジンブレーキは、低速ギアになるほど制動力が大きくなりますが、いきなり高速ギアからローギアに入れるとエンジンをいためたり、転倒したりするおそれがあります。

問16 ×

二輪車でブレーキをかけるときは、エンジンブレーキを活用するため、クラッチを切ってはいけません。クラッチを切るのは速度が遅くなってからです。

問17 ○

二輪車でブレーキをかけるときは、車体を垂直に保ち、ハンドルを切らない状態で、エンジンブレーキをきかせながら、前後輪のブレーキを同時にかけます。

問18 ○

二輪車で急ブレーキをかけると、車輪の回転が止まり、横すべりを起こす原因になるので、ブレーキは数回に分けて使います。

問19 ○

オートマチック二輪車に無段変速装置が採用されている場合、エンジンの回転数が低いときには、車輪にエンジンの力が伝わりにくい特性があります。

3-12 事故・故障・災害などのとき

●次の問題で正しいものは「○」、誤っているものには「×」と答えなさい。

問1 □

交通事故を起こしたとき、後続事故のおそれがある場合でも負傷者が頭部に傷を受けているときには、医師や救急車が到着するまでの間、負傷者を移動してはならない。

問2 □

交通事故を起こしても物の損壊《そんかい》だけの事故であり、現場で示談がついたときは、警察官に報告しなくてもよい。

問3 □

交通事故を起こしてしまったときは、後日の示談の交渉で必要なため、まず最初に保険会社に事故の報告をするとよい。

問4 □

交通事故を目撃しても、事故に関係がないときは、負傷者の救護《きゅうご》などに協力しないほうがよい。

問5 □

昼間、車が故障したりガソリンが切れたりして一般道路に止めておくときは、トランクやボンネットを上げたりして、一見して故障していることが分かるようにしたほうがよい。

問6 □

やむを得ず一般の車で故障車をロープでけん引する場合は、故障車との間に安全な間隔を保ちながら丈夫なロープなどで確実につなぎ、ロープに赤い布を付ける。

解答と解説

問1 ×

後続事故のおそれがある場合は、早く負傷者を救出して安全な場所に移動させます。

問2 ×

物損事故だけであっても、事故が発生した場所、物の損壊の程度などを警察官に報告し、指示を受けます。

問3 ×

交通事故を起こしてしまったときは、まず始めに警察官に報告しなければなりません。

問4 ×

交通事故の現場に居合わせた人は、負傷者の救護、事故車両の移動などについて進んで協力します。

問5 ○

昼間、一般道路で駐車《ちゅうしゃ》する場合には、停止表示器材を置いたり、トランクを開けたりして駐車していることを表示するようにします。

問6 ×

やむを得ず一般車両で故障車をけん引する場合は、けん引する車と故障車の間に安全な間隔（5メートル以内）を保ち、丈夫なロープなどで確実につなぎ、ロープに白い布（30センチメートル平方以上）を付けなければなりません。

3-12 事故・故障・災害などのとき

問7 □
車を運転中、大地震が発生した場合は、急ハンドル、急ブレーキを使い、できるだけ早く道路の左側に停止させることが必要である。

問8 □
大地震が発生してやむを得ず車を道路上に置いて避難するときは、車を道路の左端に寄せて駐《ちゅう》車《しゃ》し、エンジンを止め、エンジンキーを抜き、窓を閉め、ドアをロックしておく。

問9 □
大地震が発生して車で避難するときは、他の避難者に注意して徐行《じょこう》しなければならない。

問10 □
大地震の警戒宣言が発せられたとき、一般車両の通行が禁止あるいは制限される強化地域内を走行中の車は、速度を上げて強化地域から出る。

解答と解説

問7 ×

車を運転中、大地震が発生した場合は、急ハンドル、急ブレーキをさけるなど、できるだけ安全な方法により道路の左側に停止させます。

問8 ×

大地震が発生してやむを得ず車を道路上に置いて避難するときは、エンジンを止め、エンジンキーは付けたまま、窓を閉め、ドアはロックしてはいけません。

問9 ×

大地震が発生したときは、避難のために車を使用してはいけません。

問10 ×

大地震の警戒宣言が発せられたとき強化地域内を走行中の運転者は、地震の発生に備えてあわてることなく、低速で走行し、ラジオなどの情報に応じて行動します。

ひっかけ問題 得点力UP おさらいチェック

学科試験では間違いを誘発するひっかけ問題が出題されますが、ひっかけ問題は多そうに見えてそれほど多くは出題されていません。

規制のある場所を数値や言葉の表現のしかたで表したりするため、正確な数値と表現をしっかりと身につけていないと出題者のワナにはまってしまいます。きちんと理解できていれば合格率はかなりアップします。PART3のひっかけ問題のうち誤った問題については繰り返し行い、問題を理解するようにしましょう。

ひっかけ問題を見破ることにより合格率を一気に高めることができます。

!チェックポイント

- □ 距離などの数字の問題に注意する。
- □ 問題中の「絶対」「必ず」といった言葉に注意する。
- □ 問題中の数字の「以下」と「未満」、「以上」と「超える」の違いに要注意。
- □ 似たような問題でも意味が異なる場合があるので注意する。

PART 4
危険予測
イラスト問題

◎ 危険予測イラスト問題とは
◎ 厳選　危険予測イラスト問題
◎ イラスト問題・解答と解説

危険予測イラスト問題とは

普通免許の学科試験では、危険を予測した運転に関するイラスト問題が５問出題されます。設問は５問それぞれに（1）～（3）まであり、それぞれの正誤を判断。配点は１問２点で、３つの設問すべてに正解しないと得点になりません。また、「正」は１つとは限らず、すべてが「誤」の場合もあります。

出題例

問題　15km/hで進行しています。前車に続いて交差点を左折するときはどのようなことに注意して運転しますか？

(1) □
(2) □
(3) □

(1)　前車が急いで左折しようとしてこどもの存在に気づき横断歩道の直前で急停止するかもしれないので、車間距離をつめないようにする。

(2)　後続車の進行を妨げないように、できるだけ前車に接近して左折する。

(3)　急停止をすると後続車に追突されるかもしれないので、ブレーキを数回に分けて踏み、注意を促す。

解き方のアドバイス

信号機を確認

信号機と前車の動きを見て、横断歩道の手前で停止するかどうか決める。

前車の進行方向を確認

前車の方向指示器を見て、左折か直進かを確認する。前車が大型車なので車間距離をとる。

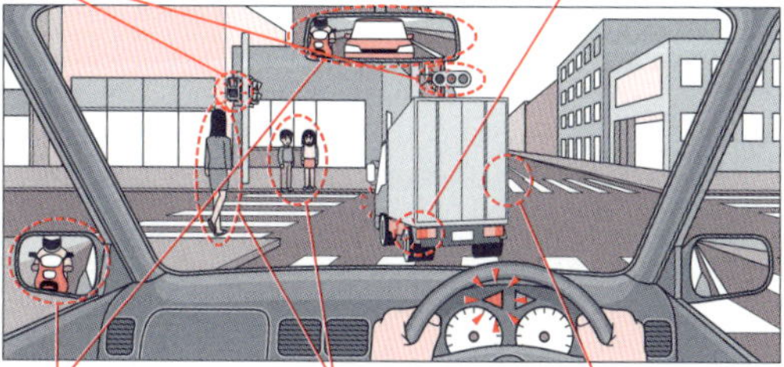

後方車両の確認

サイドとバックミラーで後方車両を確認し後続車の動きに注意する。

歩行者の確認

前車が歩行者の存在に気づいて横断歩道の直前で急ブレーキをかけるおそれもある。

対向車の確認

前車のかげに右折しようとする二輪車がいることもある。

チェックポイント

自分が実際に運転しているイメージで危険を考える。

「自分の行動」「他者（車）の行動」「周囲の状況」に気を配る。

イラストに現れていない、見えないところの危険も予想する。

～設問のこの表現には要注意～

「そのままの速度で」……徐行や停止が必要かどうかを問う場合が多い

「すばやく」「急いで」……急ハンドルや急ブレーキの必要性を問う場合が多い

【例題解答】 (1)－○ (2)－× (3)－○

厳選 危険予測イラスト問題

問1　交差点で右折待ちのため停止しています。対向車が左折の合図をし、交差点に近づいてきたとき、どのようなことに注意して運転しますか？

(1) □
(2) □
(3) □

(1)　左折の合図をしている対向車が交差点に接近しているので、対向車が左折してから安全を確認して右折する。

(2)　対向車は左折の合図をしているので、対向車が左折を始めたら、同時に右折を始める。

(3)　対向する左折車は、横断する歩行者がいるため、横断歩道の手前で停止すると思われるので、左折車がいなくなるまで右折を待つ。

問2　30km/hで進行しています。前方の信号が青から黄色に変わったとき、どのようなことに注意して運転しますか？

(1) □
(2) □
(3) □

●次の問題で正しいものは「○」、誤っているものには「×」と答えなさい。

(1) 黄色の信号に変わったときは止まるのが当然なので、ブレーキをかけて停止位置をこえてでも停止する。
(2) 黄色の信号に変わっても、後ろの車が接近していて安全に停止できないと判断したときは、他の交通に注意しながら交差点を通過する。
(3) 黄色の信号に変わっても、変わった直後ならば、そのまま速度を上げて交差点を通過する。

問3 **40km/hで進行しています。前方の車がガソリンスタンドに入ろうとしているとき、どのようなことに注意して運転しますか？**

(1) □
(2) □
(3) □

(1) 歩道上に歩行者や自転車がいるため前の車は歩道の手前で停止すると思われるので、速度を落とし安全を確認してから右に進路を変える。
(2) 前の車は歩道の手前で停止すると思われるので、速度を上げて対向車線を進行する。
(3) 歩道上の自転車が前の車を避けて車道に出てくることが考えられるので、自転車の動きに注意し速度を十分に落として進行する。

問4 夜間、交差点を左折するため10km/hに減速《げんそく》しました。どのようなことに注意して運転しますか？

(1) □
(2) □
(3) □

(1) 横断歩道を歩行者が横断しているので、横断歩道の手前で停止して、歩行者の横断が終わるまでその手前で待つ。
(2) 夜間は視界が悪くなるため、ライトをつけずに走ってくる自転車などの発見が遅れがちになるので、十分に注意して左折する。
(3) 前照灯の照らす範囲外は見えにくいので、左側部分や横断歩道全体を確認しながら進行し横断歩道の手前で止まる。

問5 40km/hで進行しています。前方に通学通園バスが停車《ていしゃ》しているとき、どのようなことに注意して運転しますか？

(1) □
(2) □
(3) □

(1)　こどもがバスのすぐ前を横断するかもしれないので、いつでも止まれるように徐行《じょこう》してバスの側方《そくほう》を進行する。

(2)　対向車があるかどうかがバスのかげでよくわからないので、中央線側に寄って、前方の安全を確かめてから中央線をこえて進行する。

(3)　後続車がいるので、速度を落とすときや停止をするときには、追突されないようにブレーキは数回に分けて踏む。

問6　交差点の手前で赤信号で停止していたところ、青信号に変わりました。どのようなことに注意して運転しますか？

(1) □

(2) □

(3) □

(1)　青信号になったので、安心して発進して加速する。

(2)　対向車が右折の合図をしているので、自分の車が発進するより先に対向車が右折してこないか注意して発進する。

(3)　信号が変わっても交差道路からの右折車や渡り切っていない歩行者がいないかなど確かめてから発進する。

問7 35km/hで進行しています。交差点を直進するときはどのようなことに注意して運転しますか？

(1) □
(2) □
(3) □

(1) 二輪車が左折中の乗用車を避けて自分の車の前に出てくると危険なので、二輪車の動きに注意しながら乗用車の右側を速度を上げ進行する。
(2) 前の乗用車は横断している歩行者がいるため、横断歩道の手前で止まると思われるので、速度を落として進行する。
(3) 交差点の前方の状況が見えないので、見やすいように前の乗用車との車間距離をつめて進行する。

問8 トラックの後ろを30km/hで進行しています。どのようなことに注意して運転しますか？

(1) □
(2) □
(3) □

(1) トラックが前にいるため信号が見えない。ト

ラックは赤信号のため急ブレーキをかけるかもしれないので、トラックとの車間距離は十分にとる。

(2) 信号が見えるようにトラックとの車間距離を広くとると、自分の車が交差点に入るときに信号が変わるおそれがあるので、トラックに接近して進行する。

(3) 信号が見えないので道路の右寄りを通り、信号の表示を確認しながら進行する。

問9 **25km/hで進行しています。交通整理《こうつうせいり》の行われていない交差点を直進するときは、どのようなことに注意して運転しますか？**

(1) □

(2) □

(3) □

(1) 交差点の左側に停止している自動車が見えており、その車が交差点に入ってこないうちに、そのままの速度で通過する。

(2) 交差点の見通しが悪く、交差する道路から歩行者や自動二輪車などが出てくることも考えられるので、速度を上げて早く通過する。

(3) カーブミラーには映らない車や歩行者がいると思われるので、自分の目で安全を確かめ、速度を落として進行する。

問10 夜間、道路照明のない住宅街を20km/hで進行しています。どのようなことに注意して運転しますか？

(1) □
(2) □
(3) □

(1) 路地から人や車が飛び出してくるかもしれないので、速度を落として十分注意しながら進行する。
(2) 見通しの悪い交差点があるので、前照灯を上向きにして速度を上げて進行する。
(3) 夜間は視界が悪く、道路を通行している歩行者や無灯で走る自転車などの発見が遅れがちになるので、十分注意する。

問11 15km/hで進行しています。歩行者用信号が点滅《てんめつ》している交差点を左折するとき、どのようなことに注意して運転しますか？

(1) □
(2) □
(3) □

(1) 自転車が急いで横断してくると思われるので、横断歩道の手前で停止して様子を見る。
(2) 急停止すると後続車に追突されるかもしれないので、ブレーキを数回に分けて踏み、後続車に注意を促す。
(3) 自転車が横断するより先に左折できると思われるので、急いで左折する。

問12 **20km/hで進行しています。狭い道路で対向車と行き違いをするとき、どのようなことに注意して運転しますか？**

(1) □
(2) □
(3) □

(1) 対向車が道をゆずってくれると思えるので、加速して急いで通過する。
(2) 対向車の後ろの自転車は対向車の後ろで待っていてくれると思うので、対向車との間に安全な間隔を保って通過する。
(3) 対向車の横を自転車が進行してくることも考えられるので、自転車の動きに注意する。

問13 40km/hで進行しています。どのようなことに注意して運転しますか？

(1) □
(2) □
(3) □

(1) 自転車が歩道上の歩行者を避けて車道に出てくるかもしれないので、速度を落としながら走行する。

(2) 自転車が歩道上の歩行者を避けて車道に出てくるかもしれないので、出てきても安全なように対向車線に出て走行する。

(3) 自転車が車道に出てこないようホーンを鳴らし、注意を促しながら走行する。

問14 40km/hで進行しています。交差点を直進するときはどのようなことに注意して運転しますか？

(1) □
(2) □
(3) □

(1) 対向車が先に右折を始めるかもしれないので、車の動きに気をつけながら進行する。

(2) 左側の車は対向車の右折の合図を見て、そのまま交差点を通過しようとするかもしれないので、後続車にも注意しながら、速度を落として進行する。
(3) 優先道路を走っている自分の車に優先権があるから、左側の車や対向の右折車は停止すると思われるので、やや加速して進行する。

問15 冬の朝、30km/hで路面の一部が光って見える道路を進行しています。どのようなことに注意して運転しますか？

(1) □
(2) □
(3) □

(1) 前を走るバイクが転倒するかもしれないので、速度を落としながら注意して進行する。
(2) 対向車が横すべりを起こし、はみ出してくることが考えられるので、速度を落として車線の左側に寄って進行する。
(3) カーブで自分の車がスリップするかもしれないので、速度を落として注意して進行する。

問16　交差点で右折待ちのため止まっています。どのようなことに注意して運転しますか？

(1) □
(2) □
(3) □

(1)　対向車線のトラックは前の乗用車に妨げられているため、すぐには進行してこないと思われるので、その前に右折する。
(2)　対向車線のトラックは自分の車が右折するのを待ってくれると思われ、また右折する後続車がいるので、できるだけ早く右折する。
(3)　対向車線のトラックの後ろの状況がわからないので、トラックの通過後、対向する交通を確かめてから右折する。

問17　雨降りの高速道路を60km/hで進行しています。どのようなことに注意して運転しますか？

(1) □
(2) □
(3) □

(1) 前車のあげる水しぶきで前方が見えにくくなっているので、速度を落として車間距離を多めにとり、慎重に運転する。

(2) 雨の日は、前方が見えにくくなるため前車に続いて進行した方が安全なので、前車に接近して走る。

(3) 横風が強いので、速度を落とし、ハンドルをしっかり握りハンドルをとられないようにする。

問18 対向車線が混雑している交差点で、右折のため停止しています。どのようなことに注意して運転しますか？

(1) □

(2) □

(3) □

(1) 信号が青なので、対向車が動き出す前に、歩行者に注意しながら素早く右折する。

(2) 前方の対向車線の車の流れを確認して、動く様子がなければ、停止している車の死角部分から二輪車などが進入してこないか、また、歩行者の動きにも注意しながら右折する。

(3) 対向車の運転者がパッシングで先に行くように合図しているので、急いで右折する。

問19　10km/hで進行しています。横断歩道の手前で駐《ちゅう》車《しゃ》している車がいるときは、どのようなことに注意して運転しますか？

(1) □
(2) □
(3) □

(1)　右側の歩道にいる歩行者が横断を始めないうちに、止まっている車のかげの様子に気をつけながら加速する。
(2)　歩行者は横断を始めていないし、対向車もすぐには来ないと思われるので、そのまま進行する。
(3)　歩行者が横断するしないにかかわらず、駐車《ちゅうしゃ》している車の前方に出る前に一時停止する。

問20　交差点の中を右折するトラックに続いて5km/hで進行しています。右折するときは、どのようなことに注意して運転しますか？

(1) □
(2) □
(3) □

●次の問題で正しいものは「○」、誤っているものには「×」と答えなさい。

(1) トラックのかげで前方が見えないので、トラックの右側に並んで速度を合わせて、トラックと一緒に右折する。
(2) トラックのかげで前方が見えないので、トラックに続いて、対向車が来ないうちに、そのすぐ後ろを右折する。
(3) トラックのかげで前方が見えないので、一時停止してトラックを先に右折させ、対向車が来ないことや歩行者の動きを確かめて右折する。

問21 30km/hで進行しています。どのようなことに注意して運転しますか？

(1) □
(2) □
(3) □

(1) 自転車もこどもも車の接近に気づいていないかもしれないので、急な動きに備えて、いつでも止まれるように速度を落とす。
(2) 自転車とこどもの横を同時に通過すると危険なので、早めに加速して自転車を追い越す。
(3) このまま進行するとこどもの横で自転車を追い越すことになるので、速度を落とし、自転車がこどもの横を通過するまで自転車の後ろで間隔を保って走行する。

問22 30km/hで進行しています。交差点に近づくと対向車線の先頭車が右折してきて自分の車の前を横切り始めました。どのようなことに注意して運転しますか？

(1) □
(2) □
(3) □

(1) 対向車線の車が右折し始めたので、右折車が交差点を通過したらすぐに通過する。
(2) 先頭の車に続いて2台目も右折してくることも考えられるので、すぐに止まれるよう速度を落として進行する。
(3) 直進車が優先なので、右折車より先に通過するために加速して進行する。

問23 夜間、30km/hで進行しています。前方にトラックが駐車《ちゅうしゃ》しているとき、どのようなことに注意して運転しますか？

(1) □
(2) □
(3) □

(1) 対向車もいないようなので、前照灯を下向きにして歩行者や自転車がいるかどうかを確かめ、そのままの速度で進行する。
(2) 他の車の前照灯も見えないし、危険もないと考え、道路の中央寄りを速度を上げて進行する。
(3) 見えにくい駐車《ちゅうしゃ》車両があることも考えられるので、前照灯を上向きにして、歩行者や自転車にも注意し進行する。

問24　30km/hで進行しています。前方の安全地帯のある停留所に路面電車が停止しているときには、どのようなことに注意して運転しますか？

(1) □
(2) □
(3) □

(1) 安全地帯があるので、乗降客に注意しながらそのままの速度で進行する。
(2) 路面電車に乗り降りする人が見えるので、速度を落として進行する。
(3) 路面電車に乗り降りする人が見えるので、道路を横断しようとする人がいないか注意しながら徐行して進行する。

問25 80km/hで高速道路の走行車線を走行しています。どのようなことに注意して運転しますか？

(1) □
(2) □
(3) □

(1) 前方を走行している車がブレーキをかけたので、危険を避けるため急いで追越《おいこ》し車線に進入する。
(2) 前方を走行している車がブレーキをかけたので、その後ろの車もブレーキをかけると考え、自分の車と前方の車との車間距離や速度の調節を早めに行う。
(3) 前方を走行している車がブレーキをかけたということは、見えない前方に何か原因があると考えたほうがよい。

問26 夜間、30km/hで進行しています。どのようなことに注意して運転しますか？

(1) □
(2) □
(3) □

(1) 左から来ている車は必ず一時停止するので、そのまま進行する。
(2) 交差点の手前で自分の車の接近を知らせるため、前照灯を上下に数回切り替え速度を落として進行する。
(3) 交通量が少なく対向車もいないので、そのままの速度で進行する。

問27 30km/hで雪道を進行しています。どのようなことに注意して運転しますか？

(1) □
(2) □
(3) □

(1) 対向車が来たときに急ハンドルや急ブレーキで避けると危険なので、できるだけ道路の左端に寄って走行する。
(2) 他の車が通った跡《あと》は雪が固まってすべりやすいので、車の通っていない場所を選んで走行する。
(3) 自車は四輪ともスタッドレスタイヤとタイヤチェーンも装着しているので、普通の路面を走行するときと同じように運転する。

イラスト問題・解答と解説

問1

(1) ○　(2) ×　(3) ○

・交差点で右折するときに、左折の合図をしている対向車がいる場合は、対向車を先に左折させるか、自分の車が先に右折するかを、対向車の交差点までの距離や速度などを見て判断します。

・歩行者がいるため横断歩道の手前で停止すると、対向の直進車の進路を妨げることになるので、右折するときは横断者にも注意するとともに対向の直進車にも注意することが大切です。

問2

(1) ×　(2) ○　(3) ×

・信号が黄色になれば停止するのが原則ですが、安全に停止できないような場合は、他の交通に注意して交差点を通過することができます。停止する場合は、停止位置をこえずに止めます。通過するか停止するかの判断は、どの位置で安全に停止できるか、後続車が接近している場合は追突をさけるためそのまま通過したほうが安全か、自分の車の速度や後続車との車間距離などによって判断します。

・後続車が接近しているので、安全に停止できないと判断したときは、他の交通に注意して交差点を通過します。

問3　(1) ○　(2) ×　(3) ○

・前の車が道路外の施設に入るため歩道を横切って左折するようなときには、歩行者などの有無にかかわらず一時停止が義務づけられているので、一時停止すると考えて行動しなければいけません。このため、前の車が停止しても安全なように速度を落とすことが大切です。

・この場合、歩道上に歩行者や自転車がいるので前の車は歩行者などの通過を待つことになります。後続車は対向車や後方の安全を確認して前の車の右側を進行するか、前の車の後方で左折するまで待つようにします。

問4　(1) ○　(2) ○　(3) ○

・横断歩道を横断している歩行者がいるので、一時停止をしてその通行を妨げないようにします。

・夜間、街路灯などの照明がない交差点では、前照灯の照らす範囲外は見えにくく、左折するときに左後方から横断歩道を渡ろうとする歩行者や自転車の発見が遅れたり、見落としたりすることがあります。左折するときは、車の左側部分にも十分に注意しながら横断歩道全体の安全を確かめます。

問5　(1) ○　(2) ○　(3) ○

・通学通園バスの側方《そくほう》を通過するときは、そのかげから歩行者が道路を横断しようとして出てくることがあるので、すぐに停止できるように徐行《じょこう》して進行します。

・通学通園バスにより対向車の状況がわかりにくいので、車線の右側に寄って対向車が接近していないことを確かめてから通学通園バスの側方《そくほう》を通過します。

・後続車がある場合に、速度を落としたり、いったん停止するときには追突されないようにブレーキは数回に分けて踏み、ブレーキランプを点滅《てんめつ》させて、後続車への合図をするようにします。

問6　(1) ×　(2) ○　(3) ○

・信号が赤色から青色に変わったからといって、いきなり発進するのは危険なので、周りの安全を確認してから発進します。青信号で渡り切れなかった歩行者や赤信号に変わっても交差道路から右折しようとする車、また、直進車より先に右折しようとする対向車など、いろいろなケースが考えられるため、青信号だからといって、安全確認を忘れて、いきなり発進するのは、危険です。

問7　(1) ×　(2) ○　(3) ×

・二輪車は、左折車の後方で急停止したり、あるいは大きく進路変更して左折車の右側に出るかもしれません。二輪車の動きに注意をして、安全な車間距離をとるようにします。
・左折中の乗用車は、歩行者が横断歩道を通行しているので、その直前で停止することが考えられます。そのため速度を落として進行します。
・左折車のために対向車線の状況がよくわかりません。無理に左折車の右側に出て追《お》い越《こ》さずに、一時停止するなどして、前方の状況を確認してから交差点に進入します。

問8　(1) ○　(2) ×　(3) ×

・トラックなど大型車によって前方が見えない場合には、前の車が急ブレーキをかけても安全なように車間距離をとります。接近していると、トラックが急停止したり、トラックが黄色信号で通過後に自分の車が交差点に入ったとき赤信号に変わっている可能性があります。また、信号が見えないからといって、安全を確認しないで道路の右側に寄るのは危険（交差点付近ではとくに危険）です。
・信号機の見える位置まで、車間距離をとるようにします。

問9　(1) ×　(2) ×　(3) ○

・見通しのきかない交差点に入るときや交差点内を通過するときは、他の車や歩行者などの安全をカーブミラーや自分の目で確かめながら、交差点の状況に応じて、できる限り安全な速度と方法で進行します。
・見通しのきかない交差点では、車や歩行者が突然飛び出してくることも考えられるので、いつでも停止できる速度で進行します。
・見通しのきかない交差点ではカーブミラーに映らない車や歩行者などにも、注意しなければなりません。

問10　(1) ○　(2) ×　(3) ○

・夜間、道路照明のない道路では、車の前照灯で照らすところ以外はよく見えません。黒っぽい服装の歩行者や無灯の自転車などが通行することも考えられるので、速度を落として進行します。
・交差点の手前では前照灯を上向きに切り替えるか、点滅《てんめつ》して他の車や歩行者、自転車に自分の車が接近していることを知らせます。その場合も速度を落とします。
・夜間、道路照明のない道路では、他の車の前照灯による情報を見落とさないようにします。

問11　(1) ○　(2) ○　(3) ×

・歩行者用信号が点滅し始めても横断しようとする自転車や歩行者もいます。また、車も信号が赤に変わる前に交差点を通過しようと気持ちが焦ってしまうものです。この場合、自転車が横断すると考え、左折側の横断歩道の手前で停止できるような速度で進行し、安全を確かめなければなりません。自転車より先に左折しようと速度を落とさずに進行すると、自転車が早く横断し始めた場合に急停止させられることになり、後続車との追突をまねくおそれがあります。

・後続車が信号の変わらないうちに交差点を通過しようとして自車に接近してくると危険なので、ブレーキを踏んで停止することを知らせます。

問12　(1) ×　(2) ×　(3) ○

・車を運転しているときには、歩行者を含めて自分に都合のよい判断をして「待ってくれるだろう」とか「止まってくれるだろう」と考えてはいけません。自転車が先に行こうとして出てくることも十分考えられるので、注意しなければなりません。

・対向車と行き違うときには安全な間隔をとり、もし安全な間隔がとれないときは、一時停止するか徐行《じょこう》しなければなりません。

問13　(1) ○　(2) ×　(3) ×

・車を運転するときには、車道だけでなく歩道にも注意を払わなければなりません。この場合、目の前の歩行者を避けることに気をとられて自転車が車道に出てくることが考えられるので、自転車の動きに注意する必要があります。危険を避ける方法としては速度を落とす、安全な間隔をあけるために対向車線に出るという方法がありますが、イラストでは対向車が来ているため対向車線には出られません。

問14　(1) ○　(2) ○　(3) ×

・対向する右折車は、自分の車が交差点の近くまで来ていても、右折を始めるかもしれません。また、自分の車が進行している道路は、交差点の中まで中央線が設けられている優先道路なので、左側の車が停止するはずと考えて速度を落とさずに交差点に進入すると、左側の車が止まらずに交差点に入ってくるかもしれません。そのため速度を落として交差点に近づきます。
・見通しがよい交差点でも、出合い頭の事故は発生します。原因は、距離や速度の読み違い、お互いに相手が止まってくれるだろうと思う気持ちにあります。

問15　(1) ○　(2) ○　(3) ○

・冬は路面が日陰になっているときには凍結《とうけつ》していることがありますので、このような場所では速度を落とし、慎重に通行しなければなりません。
・この場合、前を走るバイクが転倒するかもしれませんし、対向車がすべってはみ出してくるかもしれません。また、自分の車がスリップするかもしれないので、十分に注意しなければなりません。
・バイクとの車間距離を十分にとり、道路の左側に寄って速度を落とし走行します。

問16　(1) ×　(2) ×　(3) ○

・トラックは右折車を避けながら交差点に進入してくることが考えられます。この場面で、「トラックは進行してこないだろう」とか、「待ってくれるだろう」と勝手に予測して運転すると、トラックが交差点内に進入してきて衝突《しょうとつ》する可能性があります。
・トラックのかげに二輪車などの車がいるかもしれないので、トラックが通過してから、安全を確かめて右折します。

問17　(1) ○　(2) ×　(3) ○

・雨の中を高速走行すると、前車や側方《そくほう》を走行する車の水しぶきで前方が見えなくなることがあります。このようなときは、速度を落とすとともに、車間距離を長めにとり、慎重に走行しなければなりません。また、降雨時の速度は50km/hに制限されていることもあります。

・この場合、横風が強いので、ハンドルをしっかり握りハンドルをとられないようにすることも必要です。

問18　(1) ×　(2) ○　(3) ×

・対向車線が混雑している道路で右折するには、対向車が交差点の手前で停止しているとき、安全確認が不十分のまま右折すると、停止している車の死角部分から進んできた二輪車などと衝突《しょうとつ》する可能性があります。対向車の動きに注意してゆっくり進むことが大切です。いわゆる「サンキュー事故」は、このような状況のときに起こります。進路をゆずってもらったからといって、安全確認を忘れないようにします。

・右折するときには横断中の歩行者などにも注意しなければなりません。

問19　(1) ×　(2) ×　(3) ○

・本来は横断歩道とその前後５メートル以内の場所は、横断者が見えないため駐《ちゅう》停《てい》車《しゃ》禁《きん》止《し》ですが、駐停車している車を多く見受けます。横断歩道を横断するのが小さいこどもであれば、車のかげにかくれてしまいます。車の前が確認できるところで停止し、安全を確認する必要があります。歩行者が横断しようとしているときは一時停止して道をゆずります。

・一時停止しないで通過しようとすると、突然歩行者が現れ、大変危険です。

問20　(1) ×　(2) ×　(3) ○

・トラックのかげで前方が見えないので、前方が確認できませんし、対向車や歩行者からも自分の車は認知されていません。このときは、トラックが右折したあと、対向車の有無や歩行者を確認してから右折をします。

・右折するときは、前車のトラックが横断歩道を通過したか、横断歩道に歩行者などがいないかなどを確認します。

イラスト問題・解答と解説

問21　(1) ○　(2) ×　(3) ○

・狭い道路で両側に危険がある場合には、１つずつ対応することが大切です。同時に自転車とこどもの両側に気を配ることは困難なため、速度を落とし、片側ずつ対応できる方法で通行します。この場合、右側にこども、左側に自転車がおり、両方に十分な間隔をあける必要があります。

・このまま進むと自転車やこどもの急な動きに対処できないので、速度を落としこどもの横を安全に通過するまでは自転車の後ろで間隔を保って走行し、安全にこどもの横を通過した後、安全な間隔をあけて自転車を追い越します。

問22　(1) ×　(2) ○　(3) ×

・交差点で右折待ちしている車が数台並んでいるときは、先頭車につられて２台目以降の車が右折してくることがあります。あらかじめそのことを予測し、後続の２～３台後ろの車の動きをよく見ながら、交差点に近づく必要があります。

問23　(1) ✕　(2) ✕　(3) ○

・夜間、交通量の少ない郊外の道路などでは、暗いところに車が駐車していることがあります。対向車がない場合には、前照灯を上向きに切り替えて、歩行者や無灯火《とうか》の自転車、駐車《ちゅうしゃ》車両に注意して慎重に運転します。

・止まっているトラックの横を通過するときには、トラックのドアが急に開くことがあるので、慎重に進行します。

問24　(1) ✕　(2) ✕　(3) ○

・安全地帯のある路面電車の停留所に路面電車が停止しているときは、乗降客に注意し徐行して通過することができます。この場合、路面電車に乗るため道路を横断したり、降りた客が道路を横断することがあるので、注意します。

・安全地帯の横を通過するときには、歩道や安全地帯から人が飛び出してくることがあるので、注意して進行します。

問25　(1) ✕　(2) ○　(3) ○

・前方の車がブレーキをかけたということは、自分から見えない前方に何かブレーキをかける原因があると考え、前の車との車間距離が短くならないように速度の調節を早めに行います。

イラスト問題・解答と解説

問26　(1) ×　(2) ○　(3) ×

- 夜は横道の存在がわかりにくいので注意して通行し、見通しの悪い交差点では徐行《じょこう》します。また、横からくる車が照らす光の情報を見落とさないようにします。
- 見通しの悪い交差点に近づいたときには、前照灯を点滅《てんめつ》したり、前照灯を上下に数回切り替え、自車の接近を知らせるとともに、速度を落として進行します。

問27　(1) ×　(2) ×　(3) ×

- 道路一面に積雪のある道路では、路面の標示はもちろん、側溝《そっこう》や縁石などの位置がわかりにくいので、あまり道路の左に寄ると脱輪《だつりん》したりする危険性があります。そのため、できるだけ車の通った跡（わだち）を走行します。
- 雪道は大変すべりやすく横すべりを起こすことが多いので、急発進、急ブレーキ、急ハンドルは厳禁です。速度を十分に落とし、車間距離を十分にとって運転します。

編集協力 ● 有限会社ヴュー企画
本文イラスト ● 荒井孝昌・高橋なおみ
本文デザイン ● 金親真吾
DTP ● 編集室クルー

大事なとこだけ総まとめ
ポケット版 普通免許試験問題集

著　者／学科試験問題研究所
発行者／永岡純一
発行所／株式会社永岡書店
〒176-8518　東京都練馬区豊玉上1-7-14
☎03-3992-5155（代表）
☎03-3992-7191（編集）

印　刷／誠宏印刷
製　本／ヤマナカ製本

ISBN978-4-522-46145-7 C3065